SHENG WU KE XUE CONG SHU · 生物科学丛书·

U0683093

植物百科名片

王兴东 著

Wuhan University Press
武汉大学出版社

前言

广袤自然，无边生物，真是无奇不有，怪事迭起，奥妙无穷，神秘莫测，许许多多的难解之谜简直让人不可思议，使我们对各种生命现象和生存环境简直捉摸不透。破解这些谜团，有助于我们人类社会向更高层次不断迈进。

动物是我们人类最亲密的朋友，我们拥有一个共同的家，那就是地球。尽管我们与动物相处最近，但动物中的许多神秘现象令我们百思不解。我们揭开动物奥秘，就能与动物和谐相处与共生，就能携手共同维护我们的自然环境，共同改造我们的地球家园。

植物是地球上的生命，也是我们的生存依托。千万不要以为草木无情，其实它们是有喜怒哀乐的，应该将它们作为我们最亲密的朋友。因此我们要爱惜一花一草。植物是自然的重要成员，破解植物奥秘，我们就能掌握自然真谛，就能创造更加美丽的地球家园。

生物是具有动能的生命体，也是一个物体的集合，可以说在我们周围是无处不在。特别是微生物，包括细菌、病毒、真菌以及一些小型的原生动物、显微藻类等在内的一大类生物群体，它们个体微小，却与我们生活关系密切，涵盖了许多有益有害的众多种类，我们必须要清晰地认识它们。

许多人认为大海里怪兽、尼斯湖怪兽等都是荒诞的，根本不可能存在，认为生活在恐龙时代的生物根本不可能还会活到今天。但一种生活在4亿年前的古老矛尾鱼被人们捕捞上岸，这一惊人发现证实了大海里确有古老生物的后裔存活。

生物的丰富多彩与无限魅力就在于那许许多多的难解之谜，使我们不得不密切关注。我们总是不断认识它、探索它。虽然今天科学技术日新月异，达到了很高程度，但我们对于那些无限奥秘还是难以圆满解答。古今中外许许多多科学先驱不断奋斗，一个个奥秘不断解开，推进了科学技术大发展，但人类又发现了许多新的奥秘，又不得不向新问题发起挑战。

为了激励广大青少年认识和探索自然的奥妙之谜，普及科学知识，我们根据中外最新研究成果，特别编辑了本套书，主要包括动物、植物、生物、怪兽等的奥秘现象、未解之谜和科学探索诸内容，具有很强的系统性、科学性、可读性和新奇性。

目录

CONTENTS

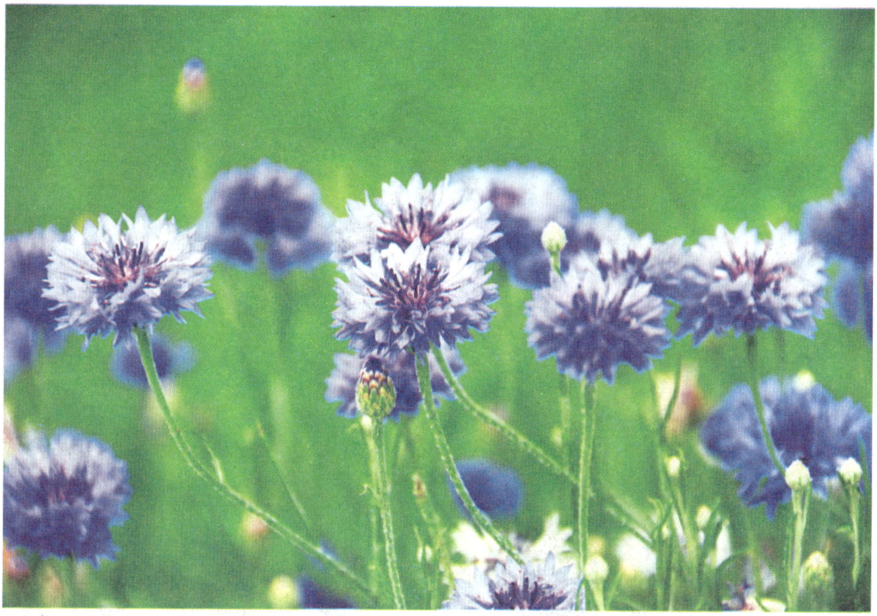

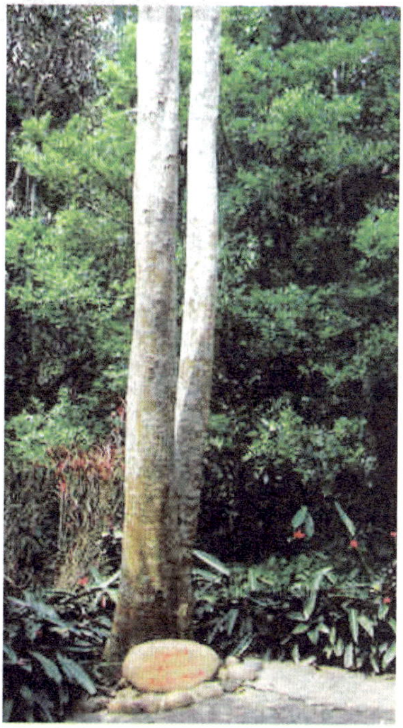

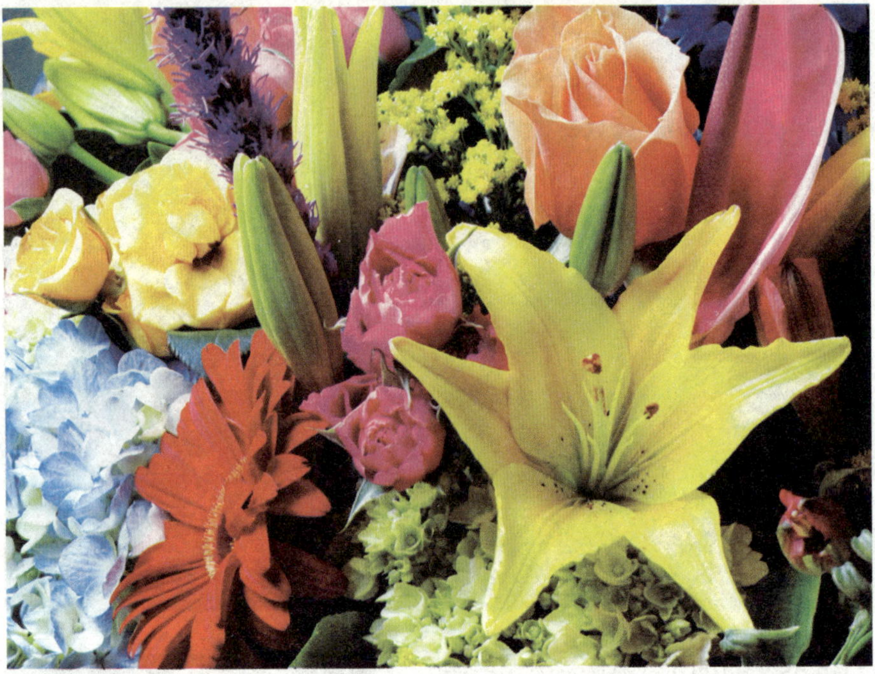

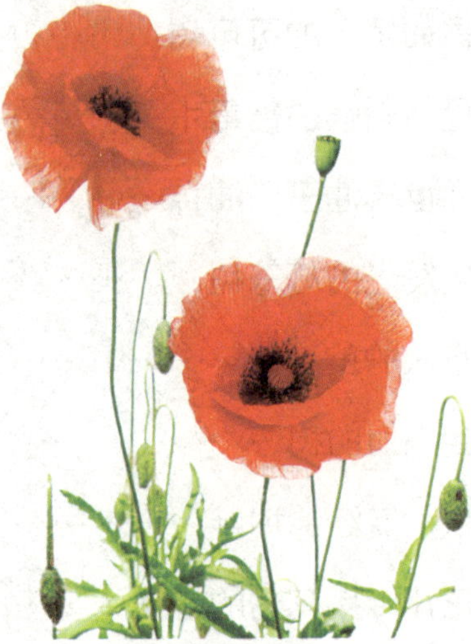

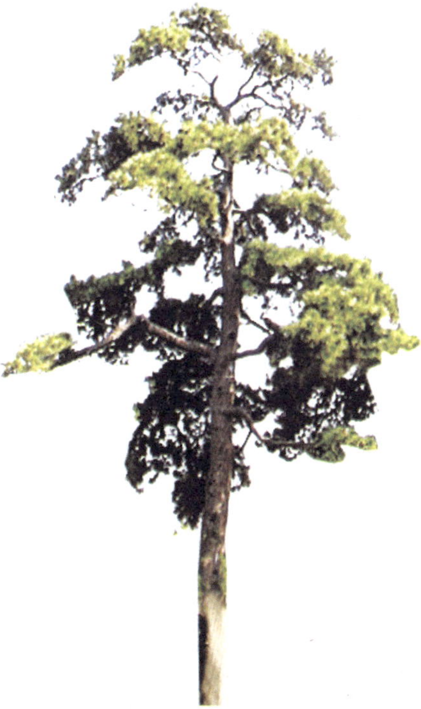

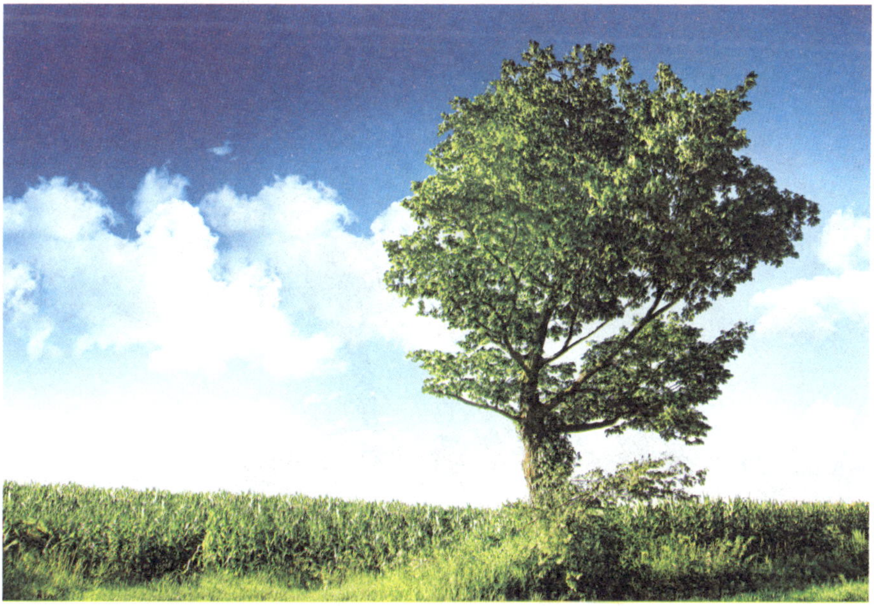

树木的过冬本领

　　自然界里有许多现象是十分引人深思的。例如，同样从地上长出来的植物，为什么有的怕冻，有的不怕冻？

　　更奇怪的是松柏、冬青一类树木，即使在滴水成冰的冬天里，依然苍翠夺目，经受得住严寒的考验。

　　那么，树木是怎样过冬的呢？

　　树木过冬的这个本领，它们很早就已经锻炼出来了。它们为了适应环境的变化，每年都用"沉睡"的妙法来对付冬季的严寒。

　　可见，树木的"沉睡"和越冬是密切相关的。冬天，树木"睡"得越深，就越忍得住低温，越富有抗冻力；反之，像终年生长而不休眠的柠檬树，抗冻力就弱，即使像上海那样的气候，它也不能在露天过冬。

　　植物是在快到冬天时聚积大量养分，然后在秋天时落叶，蒸腾作用减弱，减少体内热量和水分的散发，从而可以安全越冬。

常青绿树采取"穿甲戴盔"的方法傲雪抗严寒。例如松树、柏树在其树皮和叶表面分泌出一层蜡质，既可御寒又可防止自身水分蒸发。

一些树木和灌丛则采取"舍末保本"的方法，丢掉"包袱"和"累赘"，以便安然越冬。

一些根茎叶植物，如韭菜、莲藕等采取"两条战线"与严寒抗争。一方面结籽传宗，另一方面毫不留情地"丢叶图存"，第二年再发芽生长。

有的植物通过体内糖化酶的作用，把蛋白质和淀粉转化为糖并溶于水，从而增加植物细胞液的浓度，使细胞组织不易结冰，

这样就大大增强了植物抗寒御冻的能力，使它们能够以鲜活的姿态安全越冬。

许多阔叶树在秋风刮起时，便做过冬的准备了，先是把树叶变黄并脱落掉，接着进入冬眠状态，树液很少流动。

还有些树种是通过人工防护过冬的。不管哪种方法，几乎所有树木在过冬时都或短或长地进入休眠状态，基本停止树的蒸腾、渗透和输导等工作。

小知识大视野

在非洲的扎伊尔有一种会吹笛的荷花，人们叫它"水笛荷"。当微风从湖面拂过，一朵朵荷花便发出清脆幽雅的笛声。它的花朵巨大，花的基部有4个小孔，气孔内壁覆盖着一层花膜，只要有微风吹来，就会发出各种音响。

树中的 "巨人"

20世纪70年代，在我国云南省西双版纳热带密林中，20世纪70年代发现了一种擎天巨树，它那秀美的姿态，高耸挺拔的树干，昂首挺立于万木之上，使人无法望见它的树顶，甚至灵敏的测高器在这里也无济于事。因此，人们称它为望天树。当地傣族人民称它为"伞树"。

望天树一般可高达60米左右。人们曾对其中的一棵进行测量和分析，发现望天树生长相当快，一棵70岁的望天树，竟高达50多米，个别

的甚至高达80米，胸径一般在1.3米左右，最大可达3米。

这些世上所罕见的巨树，棵棵耸立于沟谷雨林的上层，一般要高出第二层乔木20多米，真有直通九霄，刺破青天的气势！

望天树属于龙脑香科，柳安属。柳安属这个家族，共有11名成员，大多居住在东南亚一带。望天树只生长在我国云南省，是我国特产的珍稀树种。

望天树高大笔直，叶互生，有羽状脉，黄色花朵排成圆锥花序，散发出阵阵幽香。其果实坚硬。

望天树一般生长在700米至1000米的沟谷雨林及山地雨林中，形成独立的群落类型，展示着奇特的自然景观。因此，学术界把它视为热带雨林的标志树种。

望天树材质优良，生长迅速，经济价值很高，一棵望天树的主干材积可达10.5立方米，单棵年平均生长量0.085立方米，是同林中其他树种的二三倍。因此是很值得推广的优良树种。

同时，它的木材中含有丰富的树胶，花中含有香料油，还有许多其他未知成分，尚待我们进一步分析研究和利用。由于望天树具有如此高的科学价值和经济价值，而它的分布范围又极其狭窄，所以被列为我国一级保护植物。

望天树还有一个极亲的"孪生兄弟"，名为擎天树。

擎天树其实是望天树的变种，也是在20世纪70年代发现的。

擎天树的外形与其兄弟极其相似，也异常高大，高达60米至65米，光枝下高就有30多米。其材质坚硬，耐腐性强，而且刨切面光洁，纹理美观，具有极高的经济价值和科学研究价值。擎天树仅仅发现生长在广西壮族自治区的弄岗自然保护区，因此同样受到严格的保护。

小知识大视野

据称，在西西里岛的埃特纳山边，有一棵叫"百马树"的大栗树，树干的周长竟有55米，需30多个人手拉着手才能围住它。树下部有大洞，采栗的人把那里当宿舍或仓库用。这的确是世界上最粗的树。

古老的珙桐

　　珙桐是第四纪冰川南移时幸存的"遗老"，作为我国特有的树种，有"植物活化石"、"绿色大熊猫"之称，是国家一级濒危保护野生植物。每到春末夏初，珙桐树含芳吐艳，其白色的花形如飞鸽展翅，整树犹如群鸽栖息，因此，被称为"鸽子树"，寓意"和平友好"。

　　1869年春，在四川省的宝兴地区，一个叫穆坪的地方来了一个满脸大胡子的高鼻深目的法国传教士。

他名叫大卫，这一年他41岁，是第二次来到中国。大卫的兴趣十分广泛，其中，尤喜种植花草，采集植物标本。

他32岁那年，借传教的机会，到我国的河北省采集植物标本。3年以后，他带着大量标本返回了法国。

大卫来到穆坪，眼前葱茏一片的植物世界令他惊叹不已。一天，他来到一片树林间的开阔地，看见了令他终生难忘的情景。

事后大卫回忆道："我来到一处美丽的地方，看到了一棵美丽的大树。那树上长满巨大的美丽的花朵。花是白色的，好似一块块白手帕迎风招展。春风吹来，又好像一群群鸽子振翅欲飞。"

大卫把这种大树称为"中国的鸽子树"，事后他还发现，鸽子树的白色大花实际上并不是真正的花，而是它的苞片，这种苞片最长可达0.15米，宽0.03米至0.05米。我们所看到的鸽子树花

既然是苞片，那么真正的花在哪儿呢？

大卫仔细研究了鸽子树的结构，这才知道，鸽子树花的数量很多，但却很小，许许多多的紫红色小花组成了一种叫作头状花序的结构。在头状花序中，雄花数目很多，它们大都长在花序的周围，而中央则是雌花或两性花。

鸽子树的花序直径约有0.02米，它们处于白色苞片的包围之中，微风吹来，人们只看到鸽子般展翅的苞片，却忽略了花序的存在。

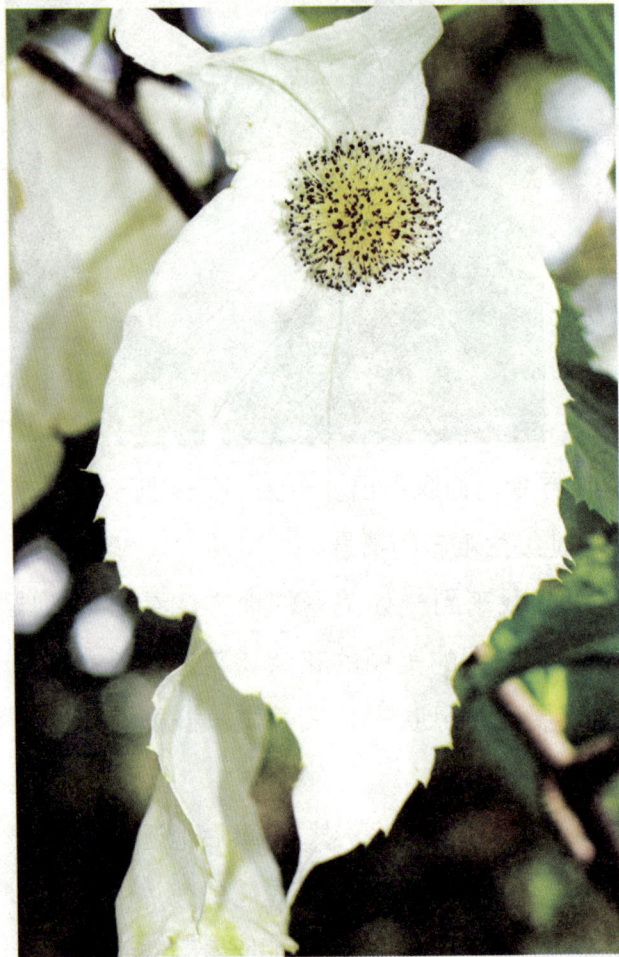

珙桐的果实成熟时，颇像一个个尚未成熟的鸭梨，因此，在产珙桐的地方，珙桐又被叫作水梨子或木梨子，虽然此梨果肉酸涩难以下咽，但对于渴到极点的赶路人来说，倒也能救急。

珙桐的树形优美，是一种很好的绿化树种。而现今我们知道，鸽子树是我国特有的"活化石"。

这些远古年代的遗物，就像地层中的古生物化石一样，能帮助人们了解与地球、地质、地理、生物等有关的许多奥秘。

小知识大视野

19世纪末，珙桐被引种到法国，以后又到了英国以及其他国家。如今在瑞士的日内瓦市，人们常在庭园里栽种珙桐，每到花开季节，珙桐花香袭人，引得不少游人流连忘返。

长"面包"的树

在非洲的热带草原上，生长着一种形状奇特的大树，一位19世纪的博物学家是这样描写它的："由于树干庞大，当它落叶后光秃而憔悴地站在那里，仿佛中风病人伸展开臃肿的手指。"

另一个更早的探险者则描写道："半兽半人一样的树，像一个头披白发、脑袋斜歪而且挺着大肚皮的老妖怪，皮如犀牛，无数细枝恰似手指紧紧抓住天空。"

这种树的学名叫作波巴布树，由于猴子和狒狒都喜欢吃它的

果实，所以人们又称它为"面包树"。猴面包树属木棉种植物，树干高不过20米左右，而胸径却可达15米以上，往往要40个成年人拉手才能合抱，树冠直径可达50米以上。

由于它看上去活像个大胖子，因此当地居民又称它为"大胖子树"和"树中之象"。

"面包树"的神奇之处就在于，它的果实在成熟时摘下来，放在火上烤熟之后，就像面包一样可以直接充饥。

当年，在印度人民抗击外来侵略的战争中，当地的游击队就是靠着这些神奇的"面包树"，才解决吃饭问题的。

"面包树"的故乡在干旱的非洲。为了减少水分的蒸发，它的枝头经常是光秃秃的，一旦雨季来临，它就利用自己粗大的身躯拼命贮水，一棵猴"面包树"能贮几千千克甚至更多的水，简直成了荒原的贮水塔。

当它吸饱了水分，便会长出叶子，开出很大的白色的花。在热带草原旅行的人们干渴难耐时，只要找到它，就可以从树身上吸水得以解救。为此，人们又叫它"生命树"。

"面包树"浑身是宝。树皮很厚，纤维坚韧，剥下来可用来搓绳或织布；树叶可当作蔬菜食用，也可入药，能去火退烧；树根属块茎，剥皮后可以煮着吃；果浆可以直接食用，也可制成果酱；种子经烘烤和研磨，可以制成像咖啡一样的饮料；果壳可制成水瓢或酒盏。

面包树的树干含有大量水分，木质松软，不适宜用在建筑上，但却是制造纸浆的好材料。另外，无比粗大的树干还有一些特别的用途，自然长空或人工凿空后，可作为储水桶。有的地方将这种树洞当窑洞，既可住人，也可存放杂物，甚至当车库。在塞内加尔，有的部族酋长把树洞作为专门关押违反祖制家规的囚犯的监牢。在肯尼亚，有些部族把树洞当作坟墓。

小知识大视野

"面包树"最集中的地方在马达加斯加岛。那里有一块延绵几十平方千米的面包树林，树林的北端，有一条著名的"面包树巷"：在一眼望不到边的空旷地面上，矗立着两排笔直的"面包树"，像两排巨大的古罗马式圆形石柱。

植物的活化石——银杏树

银杏，是一种有特殊风格的树，叶子夏绿秋黄，像一把把打开的折扇，形状别致美观。

两亿年以前，地球上的欧亚大陆到处都生长着银杏类植物，是全球中最古老的树种。在200多万年前，第四纪冰川出现，大部分地区的银杏毁于一旦，残留的遗体成为了印在石头里的植物化石。

在这场大灾难中，只有我国还保存了一部分活的银杏树，绵延至今，成了研究古代银杏的活教材。所以，银杏是一种全球最老的子遗植物，人们把它称为"世界第一活化石"。

银杏是一种难得的长寿树，我国不少地方都发现有银杏古树，特别是在一些古刹寺庙周围，常常可以看见栽有数百年和千年有余的大树。像有名的江西省庐山黄龙寺的黄龙三宝树，其中一棵是银杏，直径近两米，北京潭拓寺的银杏年逾千岁。

而世界上最长寿的银杏，还应数我国山东省莒县定林寺中的大银杏，树高24.7米，胸围15.7米，树冠荫地200平方米，据说是商代栽的。在我国还可以找到天然的银杏林。这些都证明我国是银杏树的老家。

银杏树在200多年前传入欧美各国，许多著名的植物园都以能栽种"世界第一活化石"而无比荣耀。

银杏树是裸子植物银杏科中唯一存留下来的一个种，雌雄异株。

银杏树的枝、叶形态及扇状叶脉等特点，都与其他较进化的裸子植物不同，是现存种子植物中最古老的一属。它的种了成熟时橙黄如杏，外种皮很厚，中种皮白而坚硬，故又有"白果"之称。

银杏树种子的种仁可作为药用，有润肺、止咳、强壮的功效。它的枝叶含有抗虫毒素，能防虫蛀，故有人在书中放一片银杏叶用来祛除书蠹虫。

银杏叶中还含有一种叫银杏黄酮的化学物质，它能降低胆固醇，改善脑血管的血液循环，具有防治脑动脉硬

化、血栓形成等作用。

因此，银杏叶提取物是当今国际上心脑血管保健药物中新的一族，特别是在欧美市场上最为盛行。

小知识大视野

银杏树又名白果树，生长较慢，寿命极长，自然条件下，银杏从栽种至结果要20多年，40年后才能大量结果，因此别名"公孙树"，有"公种而孙得食"的含义，是树中的老寿星。银杏树具有欣赏、经济、药用价值，全身是宝。

刀枪不入的神木

世界上的木材有软有硬，人们把坚硬无比的木材喻为神木。"神木"生长在俄罗斯西部沃罗涅日市郊外。

说起神木的神奇之处，还得从300多年前发生的一场著名海战说起。

1696年，在当时俄国和土耳其交界的亚速海面上，爆发了一场激烈的海战。

　　海面上炮声隆隆，杀声震天。俄国彼得大帝亲自率领的一支舰队，向实力雄厚的土耳其海军舰队发起了进攻。

　　只见硝烟滚滚，火光冲天。当时的战舰都是木制的，交战中不少木船中弹起火，带着浓烟和烈火，纷纷沉下海去。

　　由于俄国士兵骁勇善战，土耳其海军慢慢支持不住了。狡猾的土耳其海军在逃跑之前，集中了所有的大炮，向彼得大帝的指挥舰猛轰。

　　顿时，炮弹像雨点一样落到甲板上，有好几发炮弹直接打中了悬挂信号旗、观测台的船桅。土耳其人窃喜，他们满以为这一下定能把指挥舰击沉，俄国人一定会惊惶失措，不战自溃的。

　　不料这些炮弹刚碰到船体就反弹开去，"扑通、扑通"地掉到海里，桅杆连中数弹，竟一点也没有受损！土耳其士兵吓得呆若木鸡，还没有等他们明白过来，俄国船舰就排山倒海般冲过来，土耳其海军一个个当了俘虏。这场历史上有名的海战使俄国海军的威名传遍了整个欧洲。

彼得大帝坐的船为什么不怕土耳其的炮弹？是用什么材料做的？原来，这艘战舰就是用沃罗涅日的神木做成的。神木为什么这么坚固？

20世纪70年代，苏联科学家揭开了"神木"的神秘面纱。谢尔盖博士先检测了这种木头的硬度。在靶场里，他对着2000多个"神木"靶子发射了数万发子弹，结果发现只有极少数子弹能够穿透靶子。这让博士感到非常惊异。

此后，谢尔盖又在一个密封的池子里投入了多个"神木"木块，3年后，当他打开水池时，发现所有的木块都完好无损，没有一块发生霉变。

后来，谢尔盖又将这些木块投入一个温度高达300℃的炉子

中，一小时后，这些木块竟然原封不动地出现在他的面前。

为了找到原因，谢尔盖在显微镜下仔细观察了"神木"的木纤维。

结果发现，在这些木纤维的外面，包裹着一层表皮细胞分泌的半透明胶质，这种胶质含有铜、铬、钴离子以及一些氯化物，遇到空气会迅速变硬。正因为如此，才会坚硬如铁，不怕子弹，不怕火烧。

小知识大视野

在我国广西壮族自治区容县，生长着一种硬度不逊于钢铁的树木，这种树木便是有"铁木"之称的铁黎木。铁黎木本质坚硬，分量极重，长期埋在地下或浸泡于水中也不会腐烂变形，因而，铁黎木常被用于建筑、造船、桥梁和机械制造。

让大象变疯的树

在南非有一种名叫玛努力拉的树木，它有着肥大的掌状叶片。这种树所结出的果实味道甘醇，颇有"米酒"的风味。由于果实含糖量高，常会受到大象的特别关照。

有趣的是，由于非洲象的胃内温度很适合酿酒酵母菌的生长，因而许多大象在暴食了这种"酒果"之后，往往会酒疯大发。有的狂奔不已，横冲直撞；有的拔起大树，毁坏汽车；更多

的则是东倒西歪，呼呼大睡。

　　这个故事已广为人知，后来南非人就用玛努力拉的果实制作了这种酒，只是直至1989年9月南非才第一次向世界介绍这款甜酒。

　　据研究表明，玛努力拉的果实里确实有让人兴奋的成分，当地人采集它的果肉酿成酒，再蒸馏成类似于白兰地的口味，然后加上玛努力拉果实的鲜榨汁和牛奶脂，混合成了南非特色的"大象酒"。

　　大象酒酒精含量为17％，看起来很像奶油与咖啡的混合物。南非人爱在酒里加冰块，轻轻喝一口，一股甜甜黏黏的酒精芳香和一股咖啡味，让人回味无穷。

在非洲津巴布韦的怡希河西岸也生长着一种著名的"酒树"，即休洛树。休洛树能常年分泌出一种香气扑鼻而且含有强烈酒精气味的液体，这种树分泌的液体已成为当地人的天赐美酒。

在坦桑尼亚的蒙古拉大森林中，有一种奇特的小青竹，它能产出醇厚芳香的美酒，所以当地居民称它"酒竹"。当人们想喝竹酒时，就把竹尖削去，再把酒瓶放置好，第二天早上，瓶子里便装满了乳白色的竹酒。这种竹酒含酒精30度左右，不仅味道纯正，芳香扑鼻，清香可口，而且有解暑清心、消烦止渴和强身健胃的作用，是不可多得的佳品。

因此，当地人十分喜欢这种竹酒，并常用这种别具风味的美

酒款待挚友亲朋，就是在盛大的节日里或喜庆的宴席上，也少不了这种竹酒佳酿。

我国浙江省黄岩地区也有棵神奇的桂花"酒树"，散发着若隐若现的酒香，它是大自然的造化。这就是在金山陵酒业有限公司生产厂区里长的一棵桂花树。走近看，这棵桂花树的枝枝叶叶上，密密地覆盖着一层黑色的"酒菌"。

不但这棵桂花树如此，随着半个多世纪的酒香沉淀，这片土地的一草一物都散发出了白酒独特的酒香。

小知识大视野

摩洛哥西部有一种奶树，树高仅3米多，全身红褐色，叶片呈厚皮革样，开的花十分洁白，开完花便在枝头结一个奶苞。奶苞呈椭圆形，前端开口，成熟后便充满奶汁，稍一碰触，便从开口处流出黄褐色的奶液来。

旅行者的救命天使

在南美洲的巴西高原上，生长着一种中间粗、两头细、树身像萝卜的树，这种树名叫"纺锤树"。每当雨旱交接时，纺锤树顶端枝条上的绿叶就会凋零，然后开放出一朵朵红花。这时看上去又像一个插有鲜花的巨大花瓶，所以又被称作"瓶子树"。

纺锤树有30米高，中间最粗的地方直径可达5米。纺锤树生长的环境既有雨季，又有旱季，为了在干旱季节减少体内水分的蒸发和损失，它只长了稀疏的枝叶。

每到雨季，它的根就像无数条吸水管，尽情地吮吸着雨水，并把多余的雨水贮藏在胖胖的树干里。一棵纺锤树经过一个雨季以后，一般可以贮存两吨多水。这时纺锤树就像一座绿色的水塔，再也不用担心旱季来临了。

纺锤树之所以长成这种奇特的模样，跟它生活的环境有关。巴西北部的亚马孙河流域，炎热多雨，为热带雨林区；南部和东部，一年之中旱季较长，气候干旱，土壤非常干燥，为草原带。处在热带雨林和草原之间的地带，一年里既有雨季，也有旱季，

但是雨季较短。

瓶子树就生活在这个中间地带。它的形态与这个特定的环境相适应。旱季落叶或在雨季萌出稀少的新叶，都是为了减少体内水分的蒸发与损失。人们常砍树作为饮水的来源。若以每人平均每天饮水6升计算，砍一棵树几乎可供4口之家饮用半年。

在澳大利亚酷旱的沙漠中，也有一种和纺锤树一样的生命力特强的巨瓶树，每棵树干可储水40升至60升。

这种树在澳大利亚中部草原和沙漠中随处可见，它的这个特性也为沙漠中的人带来了很多生的希望。

有人在沙漠旅行时，如果口渴，只需要

用小刀在巨瓶树的肚子上挖一个小洞，清泉便喷涌而出。怪不得享用过这种水的人说：巨瓶树与生命同在，只要有巨瓶树，在沙漠旅行就不怕没水。看来它真是沙漠旅行中的人们的救命天使啊！

小知识大视野

旅人蕉，原产于马达加斯加。它不仅可为人们遮挡烈日强光，还是天然的饮水站，只要划开一个小口子，汁液便立刻涌出。奇特的是，这个小口会自动关闭，一天后又可为旅行者提供饮水。因此，人们又称它为"救命之树"。

贵如黄金的可可树

　　可可是梧桐科常绿乔木，高12米左右。叶长0.2米至0.3米，呈长椭圆形。早在哥伦布发现美洲之前，热带中的美洲居民，尤其是玛雅人及阿兹特克人，已经知道可可豆的用途。他们不但将可可豆做成饮料，更用它作为交易媒介。

　　可可树遍布热带潮湿的低地，常见于高树的树阴处。树干坚实，叶椭圆形，枝叶伸展如伞盖。花粉红色，小而有臭味，直接生在枝干上。果实长椭圆形，成熟时像橄榄球那样挂在茎干上。

种子营养丰富，含有很多蛋白质、脂肪、淀粉和少量可可碱，可磨成粉。

16世纪，可可豆传入欧洲，精制成可可粉和巧克力，还提炼出可可脂。16世纪末，世界上第一家巧克力工厂由当时的西班牙政府建立起来，可是一开始一些贵族并不愿意接受可可做成的食物和饮料，直至18世纪，英国的一位贵族还把可可看作是"从南美洲来的痞子"。

可可具有很高的营养价值，其主要成分是可可脂、可可碱和咖啡因，碳水化合物、脂肪、蛋白质和矿物质镁、钾以及生物碱等含量都较高。可可豆是制作巧克力的主要原料，也有其半制成品和制成品。如碎可可、可可浆、可可液或汁、可可脂、可可饼和可可粉，剩下的可可也可作为化妆品的原料，另可作为动物饲料，还可酿酒等。

可可脂是可可豆中的天然脂肪，它不会升高人体胆固醇，并使巧克力具有独特的平滑感和入口即化的特性。研究表明，可可脂尽管有着很高的饱和脂肪含量，但不会像其他饱和脂肪那样升高人体胆固醇，这是因为它有很高的硬脂酸含量。硬脂酸是可可脂中的主要脂肪酸之一，它可以降低血液中的胆固醇。

可可粉味又香又略苦，有非凡风味，与茶和咖啡并称三大不含酒精的饮料。巧克力已经成为最高级的宴会、庆典、节庆主角。巧克力的价值因此无与伦比。

可可喜温暖湿润的气候，植后四五年开始结果实，10年以后收获量大增，到40年至50年以后则产量逐渐减少。一棵可可树长成需要10年的时间，而一棵成熟的树一年可以开出10万朵花，但只有少部分的花可以结出果实。所以，可可被称为树上的黄金。

小知识大视野

可可定名很晚，直至18世纪瑞典的博学家林奈才为它命名，为"可可树"。后来，由于巧克力和可可粉在运动场上成为最重要的能量补充剂，发挥了巨大的作用，人们便把可可树誉为"神粮树"，把可可饮料誉为"神仙饮料"。

见血封喉的箭毒木

在2个世纪前，爪哇有个酋长用涂有一种树的乳汁的针，刺扎"犯人"的胸部作实验，不一会儿，这个"犯人"就窒息而死了，从此这种树闻名全世界。

我国给这种树取名"见血封喉树"，形容它毒性的猛烈。

它的毒性远远超过有剧毒的巴豆和苦杏仁等，因此，被人们认为是世界上最毒的树木。

箭毒木是一种落叶乔木，树干粗壮高大，树皮很厚，既能开花，也会结果；果子是肉质的，成熟时呈紫红色。

箭毒木主要生长在云南省西双版纳海拔1000

米以下的常绿林中，是国家三级保护植物。

箭毒木一般高25米至30米。箭毒木的意思是，这种树的树汁可作箭毒，涂在箭头上可射死野兽。

在箭毒木的树皮、枝条、叶子中有一种白色的乳汁，毒性很大。

这种毒汁如果进入眼睛，眼睛顿时失明。它的树枝燃烧时放出的烟气，熏入眼中，也会造成失明。

用箭毒木树汁制成的毒箭射中野兽，3秒钟之内能使野兽血液迅速凝固，血管封闭，以至窒息死亡，这就是人们又称它为"见血封喉树"的原因。如果人碰上了这种毒箭，也会死亡。

海南省许多地方的村民称之为"鬼树"，不敢去触碰它、砍伐它，生怕有生命危险。

善良的人们常会在"见血封喉树"下围放或种植带刺的灌木丛，不让人畜接触它。

在植物园或森林公园若有此树，更要示牌提醒人们不要去碰它，以免发生意外。

尽管箭毒木说起来是那样的可怕，实际上箭毒木也有很可爱的一面：树皮特别厚，富含细长柔韧的纤维，云南省西双版纳的少数民族常巧妙地利用它制作褥垫、衣服或筒裙。

取长度适宜的一段树干，用小木棒翻来覆去地均匀敲打，当树皮与木质层分离时，就像蛇蜕皮一样取下整段树皮，然后放入水中浸泡一个月左右，再放到清水中边敲打边冲洗，这样能除去毒液，脱去胶质，再晒干就会得到一块洁白、厚实、柔软的纤维层。

用箭毒木树干制作的褥垫，既舒适又耐用，睡上几十年还具有很好的弹性；用它制作的衣服或筒裙，既轻柔又保暖，

深受当地居民喜爱。

另外，箭毒木的毒液成分是见血封喉甙，具有加速心律、增加心血输出量的作用，在医药学上有研究价值和开发价值。

小知识大视野

箭毒木傣语称为"埋广"，其树型高大，枝叶四季常青，树汁有剧毒，是自然界中毒性最大的乔木，有"林中毒王"之称。树液由伤口进入人体内会引起中毒，主要症状有肌肉松弛、心跳减缓，最后心跳停止而死亡。

"世界油王" 油棕

　　油棕是多年生单子叶植物，是热带木本油料作物，植株高大，不分枝，圆柱状。油棕的果肉、果仁含油丰富，在各种油料作物中，有"世界油王"之称。

　　棕油就是从油棕果实中榨出的油，由棕仁榨出的油称为棕仁

油，它们都是优质的食用油，可以精制成高级奶油、巧克力糖。一株油棕每年可产油30～40千克，每亩产油可达100～200千克，采用优良品种，小面积一亩产油可高达600多千克。油棕亩产油量是椰子的2～3倍，是花生亩产油量的7～8倍，我国油棕主要分布在海南省。

油棕的外形很像个大椰子，因此又名油椰子，它的故乡在非洲西部。多年来，它一直默默无闻地生长在那里的热带雨林中，不被人们所了解。

直至20世纪初，才被人们发现和重视，如今已是世界绿色油库中的一颗明星，成了非洲人的摇钱树。

油棕高达10米多，四季开花，花果并存，油棕核果呈卵形或倒卵形，每个大穗可以结果1000个至3000个，团成球状，最大的果实重达20千克，果肉、果仁可达15千克，含油率在10%左右。

油棕油也泛称棕油或棕榈油，是一种棕红色的非干性油脂，含有大量的胡萝卜素、维生素E和微量胆固醇，而且燃点较低，用它炸出来的土豆和方便面等食品，不仅清香酥脆，美味可口，而且能长期贮藏，所以热带地区人民很早以前就把它视为上等的食用油脂。棕油精炼后，清如水，滑如脂，不仅可以药用和食用，而且是机械工业和航空运输业必不可少的高级润滑油，还是一种很好的钢铁板防锈剂和焊接剂。

此外，油棕的原油还用来制造肥皂、化妆品等，也是纺织业、制革业、铁皮镀锡的辅助剂等。油棕仁可生产酱油，油棕壳可生产活性炭，还可制作成人造奶油。

还有，棕仁的碎渣是很好的饲料和肥料；果壳可制作活性炭，作为脱色剂和吸毒剂。脱果后的空果穗可制作牛皮纸、肥

料、燃料和培养草菇等。未成熟的花序割开后流出的汁液，可以酿酒、做糖和制饮料。成熟的油棕果采摘下来后，加点糖或盐用水一煮就可以直接食用了。

小知识大视野

山茶，俗称苦茶、白花茶，是世界四大木本油料树种之一，是我国特有的一种纯天然高级油料树种，树龄可以达百年以上。山茶油可以作为烹调油，加工后也可用于美容和保健。山茶籽油极其珍贵，被专家称为"油中之王"。

会发光的灯笼树

　　灯笼树是栾树的别名，是一种乔木，树形端正，枝叶茂密而秀丽，春季嫩叶多为红叶，夏季黄花满树，秋季叶色变黄，果实紫红。灯笼树是一种落叶小乔木，生长在我国长江以南各地山区。它的花像一只只挂在树梢的小灯笼，灯笼树的名字正来源于此，由于它夜间还有发光的本领，使得这个名字更加名副其实。

　　每逢晴天的夜晚，灯笼树就会发出荧光点点，恰似高悬着的千万盏小灯笼，为过往的行人照明。为什么灯笼树会发光呢？那是因为灯笼树具有吸收土壤里磷质的本领。

　　灯笼树通过植物光合作用的光反应，把这些磷质从根部运输上来，分布在树叶上。

　　到了夜晚，灯笼树又通过光合作用中的暗反应，从它的叶子上散发出少量磷化氢气体，聚集在一起。这些气体燃点很低，在空气中引发自燃，而发出淡蓝色火焰，即温度很低的冷光。在晴朗无风的夜晚，这些冷光聚集起来，就像山间的一盏盏路灯。

除了我国的灯笼树外，在国外也有一些会发光的树。在美洲中部的巴拿马生长着一种怪树，结出的果实酷似一根根奇特的蜡烛，当地居民把它摘下来带回家，晚上点着了用来照明，所以人们叫它"蜡烛树"，称它的果实为"天然的蜡烛"。经化验分析，蜡烛树的果实里含有60%的油脂，因此点燃后能如同蜡烛一样，发出均匀而柔和的亮光，而且没有黑烟，甚至比普通蜡烛还好用。

非洲生长的一种会发光的树，名叫照明树或魔树。在白天看上去它与一般普通的树没有什么两样，一到夜晚，从树干到树枝都发出明亮的荧光，把树的周围照得雪亮，远远望去犹如"火树银花"，非常好看。夜晚，当地居民可

以在树下看书读报，甚至还能做精细的针线活呢！

魔树的发光奥秘在哪里呢？科学家经过研究发现，魔树的树皮里含有大量的磷，当磷与氧接触时便会发出亮光。

美洲有一种名叫蜡烛胡桃的树，它结出的果实不仅可以食用，而且还可用来照明。燃烧时无烟无味，其亮度相当于一枝蜡烛，当地居民经常把它作为照明工具。

小知识大视野

在我国贵州省生长着一种珍奇的夜光树。这种树干粗、枝多、叶茂，每当夜晚来临时，它的叶片边缘发出小半圈荧光，好似上弦月的弧影，因此当地的水族人民叫它"月亮树"。

吃人的食人树

一家人的奇遇

　　1971年9月，法国人吕蒙梯尔、盖拉两人带着他们的家人来到莫昆斯克度假，他们几乎是年年都来内耳科克斯塔度假的，只是到莫昆斯克丛林还是第一次。两家人到了莫昆斯克后，大人便

开始忙着安排宿营和晚餐。吕蒙梯尔去丛林拾干枯树枝，准备烧火做饭。他的儿子欧文斯也闹着要一起去，盖拉的儿子亚博见小伙伴要走，也嚷着要去，于是，吕蒙梯尔带着两个小家伙走了。

来到丛林深处，吕蒙梯尔自己拣树枝，两个孩子却自顾自地游戏去了。没多一会儿，吕蒙梯尔就听见两声叫喊，他听出是两个小家伙发出来的，心里一惊，丢了柴火，便向声音发出的地方奔去，因为他知道非洲丛林中有许多食人野兽出没。就在他跑出10多米远时，突然觉得自己的身体变轻了，跑起路来一点也不费力，接着他的身体居然飞了起来，而且直向前面一棵大树撞去。

吕蒙梯尔双手挥舞着，大声叫道："不！不！放下我，放下我。"

"乓——"，吕蒙梯尔弹在了树上，无法动弹。

　　不知什么时候，欧文斯和亚博两人已经跑到他身后，对吕蒙梯尔说："快脱掉衣服，否则你无法离开这棵大树。"

　　他转过头来，发现自己的头和手可以动，但穿了衣服裤子的部位就不能动，再一看，儿子和亚博的衣裤正贴在树上。欧文斯赶紧上来用刀划烂父亲的衣裤，吕蒙梯尔想从树上拔下衣裤来遮挡身体。没料到他刚一接触衣服，又被树木吸住，他吓了一跳，再也不敢扯那衣服就带着两个孩子回去了。快到宿营地的时候，吕蒙梯尔对儿子说："你们先回去，你叫母亲给我带条裤子来，我总不能赤身裸体地回去呀！"

　　两个孩子听话地回去了，不一会儿，亚博的母亲盖拉太太来了，看见吕蒙梯尔的样子又羞又惊，忙问他是怎么回事，还要

让他们带她到大树那里去看一看。吕蒙梯尔连忙拒绝，说："假如被那大树吸住的话，是很可怕的，还是不要去了。"

离奇灾难的降生

于是当盖拉回来后，盖拉太太硬拉着丈夫，随儿子亚博去看稀奇了。约半小时后，只见亚博惊慌失措地跑来，告诉吕蒙梯尔："我爸爸请你快快去，我母亲被吸进了一个大树洞里，请你快去帮助救我妈出来。"10多分钟以后，盖拉赤身裸体地哭着回来，他对吕蒙梯尔伤心地说："我妻子死了。"

盖拉说他们走到那里时，盖拉太太首先飞了起来，向一棵大树飞去，盖拉想上前拉住妻子，却被吸到相反的方向，撞在另一棵树上。这棵树才是吕蒙梯尔遇

见的那一棵，而他的太太飞向了另一棵树。

儿子亚博早有准备，他是光着身子来的，他看见母亲飞进树洞，跑去一看，里面黑乎乎的，不敢钻进树洞救母亲，就将另一棵树上的父亲救下。盖拉忙叫儿子去告诉吕蒙梯尔一家，自己走进了树洞，里面又黑又湿，他鼓起勇气叫着妻子的名字，却没有回应。待他走到洞深处，发现太太已经曲成一团死去了。

吕蒙梯尔责怪盖拉为什么不脱掉他妻子的衣服，盖拉说他当时太紧张，没有想到这件事。待他俩再次来到树洞准备将盖拉太太的尸体搬出来时，那里却没有了尸体。

年轻人的体验

这件事传开以后，有3

个年轻人争着要去体验一下，于是他们三男四女来到莫昆斯克，罗德兹等3个男青年发现，无论如何他们也只能被吸到右边的那棵树上。其中一名叫斯兰达的青年做过一次试验，他穿上衣服，靠近左边的樟树时，不但没有被吸入洞中，而且可以顺利地走进走出。

这个试验表明，有树洞的樟树，对衣服没有吸引力，而右边的那棵树，不管什么布料都会被吸上去。而且布料在树上停留两个小时后，就会消失无踪，像被吸收了似的。因此，他们怀疑以前盖拉在撒谎。因为盖拉说，他走进洞里看见他太太死去，但没有力气将她拖出来，理由是盖拉太太穿着衣服。然而现在的实验表明，这里根本就没有人。为了证实自己推理的正确性，他们又做了一个实验，斯兰达穿戴整齐，贴在右边那棵会吸住人的树上，两个小时后，大家吃惊地看到斯兰达身上的布料像被风化了一样荡然无存，而他则完好无损地落下地来。

回到营地，他们向4名女青年添油加醋地描述他们的实验经过，她们都想亲自去看看这两棵天下奇树。几名男青年见劝不住她们，又想并没有什么危险就由她们去了，只是罗德兹远远地跟在她们后面。当几个姑娘离樟树只有七八米远的时候，罗德兹陡然看见4名姑娘一起飞了起来，她们惊叫着冲进了会吸引人的树旁边那棵有洞的樟树洞口。他大叫着"快脱衣服"，并迅速脱下自己的衣服赶去救人。

那大树洞口一下子不能同时吸进4个人，其中一个姑娘手扣住洞口，拼命地呼喊着罗德兹快来救命，罗德兹来到树前，看见姑娘的双腿和大半个身体已经被吸进洞去，只剩头和双手还在树外，但不到2秒钟，她们就再也无力抵挡被吞进了树洞。等罗德兹回去叫来同伴返回洞中时，洞中却空无一人，她们不知到哪里去了，洞中只留下4副耳环和5枚戒指。

世界上真的存在吃人树吗

有关吃人植物的最早消息来源于19世纪后半叶的一些探险家，其中有一位名叫卡尔的德国人在探险归来后说："我在非洲的马达加斯加岛上，亲眼见到一种能够吃人的树木，当地居民把它奉为神树，曾经有一位土著妇女因为违反了部族的戒律，被驱赶着爬上神树，结果树上8片带有硬刺的叶子把她紧紧包裹起来，

几天后，树叶重新打开时只剩下一堆白骨。"

于是，世界上存在吃人植物的骇人传闻便四下传开了。打这以后，又有人报道在亚洲和南美洲的原始森林中发现了类似的吃人植物。

吃人树考察

这些报道使植物学家们感到困惑不已。为此，在1971年有一批南美洲科学家组织了一支探险队，专程赴马达加斯加岛考察。他们在传闻有吃人树的地区进行了广泛搜索，结果并没有发现这种可怕的植物，倒是在那儿见到了许多能吃昆虫的猪笼草和一些蜇毛能刺痛人的荨麻类植物。这次考察的结果使学者们更怀疑吃人植物存在的真实性。

　　1979年，英国一位毕生研究食肉植物的权威人士艾得里安·斯莱克，在他刚刚出版的专著《食肉植物》中说，到目前为止，学术界尚未发现有关吃人植物的正式记载和报道，就连著名的植物学巨著、德国人恩格勒主编的《植物自然分科志》以及世界性的《有花植物与蕨类植物辞典》中，也没有任何关于吃人树的描写。除此以外，英国著名生物学家华莱士发现在艾得里安走遍南洋群岛后撰写的名著《马来群岛游记》中，也未曾提到过有吃人植物。所以，绝大多数植物学家认为，世界上并不存在这样一类能够吃人的植物。

为什么会出现吃人植物的说法呢

艾得里安·斯莱克和其他一些学者认为，最大的可能是根据食肉植物捕捉昆虫的特性，经过想象和夸张而产生的。当然也可能是根据某些未经核实的传说而误传的。

根据现在的资料已经知道，地球上确确实实地存在着一类行为独特的食肉植物，也称为食虫植物。它们分布在世界各国，共有500多种，其中最著名的有瓶子草、猪笼草和捕捉水下昆虫的狸藻等。这些植物的叶子能分泌出各种酶来消化虫体，它们通常捕食蚊蝇类的小虫子，但有时也能吃掉像蜻蜓一样的大昆虫。

但是，艾得里安·斯莱克强调说，在迄今所知道的食肉植物中，还没有发现哪一种是像文章中所描述的那样："这种奇怪的

树，生有许多长长的枝条，行人如果不注意碰到它的枝条，枝条就会紧紧地缠住使人难以脱身，最后枝条上分泌出一种极黏的消化液，牢牢把人粘住勒死，直至将人体中的营养吸收完为止，枝条才重新展开。"

小知识大视野

吃人树：生长在印度尼西亚爪哇岛上的莫柏树高八九米，长着很多长长的枝条，如果有人不小心碰到它们，树上的枝条就像魔爪似地向同一个方向伸了过来，把人卷住，树枝很快就会分泌出一种黏性很强的胶汁，消化被捕获的食物。

会流血的树

龙血树

在我国西双版纳的热带雨林中生长着一种很普遍的树，叫龙血树，当它受伤之后，也会流出一种紫红色的树脂，把受伤部分染红，这块被染的坏死木，在中药里也称为血竭或麒麟竭与麒麟血藤所产的血竭具有同样的功效。

龙血树是属于百合科的乔木。虽不太高，约10多米，但树干却异常粗壮，常常可达一米左右。它那带白色的长带状叶片，先端尖锐，像一把锋利的长剑地倒插在树枝的顶端。

一般说来，单子叶植物长到一定程度之后就

不能继续加粗生长了。龙血树虽属于单子叶植物，但它茎中的薄壁细胞却能不断分裂，使茎逐年加粗并木质化，而形成乔木。龙血树原产于大西洋的加那利群岛。全世界共有150种，我国只有5种，生长在云南、海南岛、台湾等地。龙血树还是长寿的树木，最长的可达6000多岁。

胭脂树

在我国云南和广东等地还有一种被称作胭脂树的树木。如果把它的树枝折断或切开，也会流出像血一样的汁液。而且，其种子有鲜红色的肉质外皮，可作为红色染料，所以又称红木。

胭脂树属红木科红木属。为常绿小乔木，一般高达3米至4米，有的可到10米以上。其叶的大小、形状与向日葵叶相似。叶柄也很长，在叶背面有红棕色的小斑点。有趣的是其花色有多种，有红色的，有白色的，也有蔷薇色的，十分美丽。红木连果

实也是红色的，其外面长着柔软的刺，里面藏着许多暗红色的种子。胭脂树围绕种子的红色果瓤可作为红色染料，用以渍染糖果，也可用于纺织，为丝绵等纺织品染色。其种子还可入药，作为退热剂。其树皮坚韧，富含纤维，可制成结实的绳索。奇怪的是如将其木材互相摩擦，还非常容易着火呢！

会流血的鸡血藤

人有血液，动物有血液，难道植物也有血液吗？有的。在世界上许多地方，都发现了洒"鲜血"和流"血"的树。

我国南方山林的灌木丛中，生长着一种常绿的藤状植物——鸡血藤，总是攀援缠绕在其他树木上。每到夏季，便开出玫瑰色的美丽花朵。当人们用刀子把藤条割断时，就会发现，流出的汁液先是红棕色，然后慢慢变成鲜红色，跟鸡血一样，所以叫鸡血藤。 科学家经过化学分析，发现这种"血液"里含有鞣质、还原性糖和树质等物质，可供药用，有散气、去痛、活血等功用。它的茎皮纤维还可制造人造棉、纸张绳索等，茎叶还可作为灭虫的农药。南也门的索科特拉岛，是世界上最奇异的地方之一，尤其是岛上的植物，更是吸引了世界各地的植物学家。

据统计，岛上约有200种植物是世界上任何地方都没有的，其中之一就是龙血树。它分泌出一种像血液一样的红色树脂，这种树脂被广泛用于医学和美容。这种树主要生长在这个岛的山区。

关于这种树，在当地还流传着一种传说，说是在很久以前，一条大龙同这里的大象发生了战斗，结果龙受了伤，流出了鲜血，血洒在这种树上，树就有了红色的血液。

血桐

血桐的叶柄在叶的中间偏上，很像古时候作战用的盾牌，非

常容易辨认。由于血桐并没有高经济价值，农人总会顺手把挡路的枝条折断，断裂处会缓缓流出白色乳汁，起先并不显眼，枝条被砍断之后，树干中心的髓部，会流出透明汁液，经空气氧化，干后颜色会呈现血红色，仿佛流血似的，所以被称为血桐，也称之为流血树。

有趣的植物血型

关于植物的血型，竟是日本一位搞警察工作的人发现的。他的名字叫山本，是日本科学警察研究所的法医，第二研究室主任。他是在1984年5月12日宣布这一发现的。

植物的血型是在偶然一次机会中发现的。一次，夜间有位日本妇女在她的居室死去，警察赶到现场，一时还无法确定是自杀还是他杀，便进行血迹化验。经化验死者的血型为O型，可枕头上的血迹为AB型，于是便怀疑是他杀。可后来一直未找到凶手作案

的其他佐证。

这时候有人提出，枕头里的荞麦皮会不会是AB型呢？这句话提醒了山本，他便取来荞麦皮进行化验，果然发现荞麦皮是AB型。这件事引起了轰动，促进了山本对植物血型的研究。他先后对500多种植物的果实和种子进行观察，并研究了它们的血型，发现苹果、草莓、南瓜、山茶、辛夷等60种植物是O型，珊瑚树等24种植物是B型，葡萄、李子、荞麦、单叶枫等是AB型，但没找到A型的植物。根据对动物界血型的分析，山本认为当糖链合成达到一定的长度时，它的尖端就会形成血型物质，然后合成就停止了。也就是说血型物质起了一种信号的作用。正是在这时候才检验出了植物的血型。山本发现植物的血型物质除了担任植物能量的贮藏物外，由于本身黏性大，似乎还

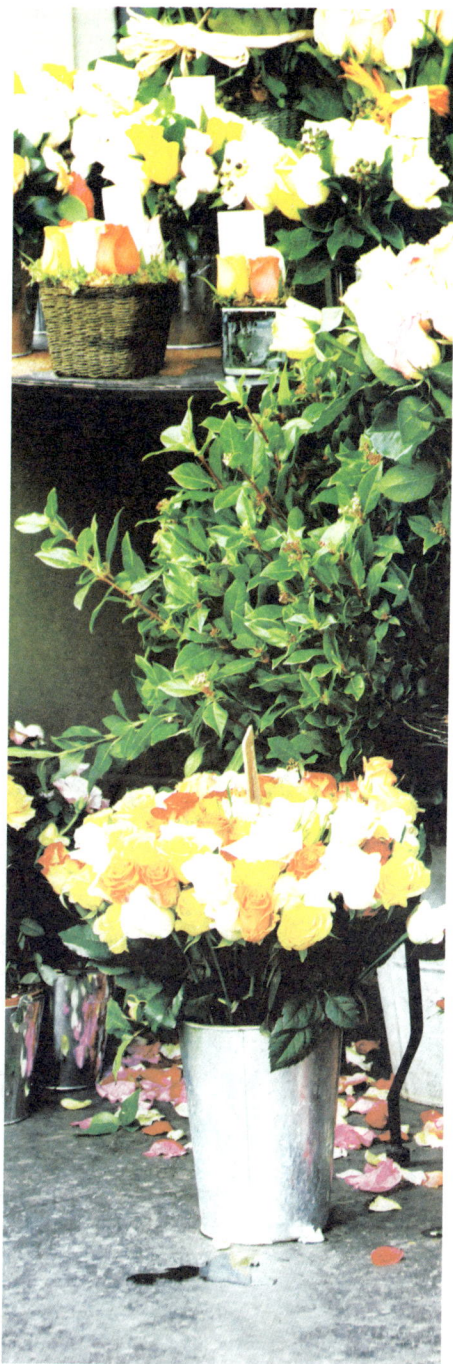

担负着保护植物体的任务。

人类血型是指血液中红细胞膜表面分子结构的型别。植物有体液循环，植物体液也担负着运送养料，排出废物的任务，体液细胞膜表面也有不同分子结构的型别，这就是植物也有血型的秘密所在。但植物体内的血型物质是怎样形成的，至今还没有弄清其原因。植物血型对植物生理、生殖及遗传方面的影响，也还都没有弄明白。

植物血型的广泛用途

植物血型之谜，目前还没有全部被揭开，但是已开始在侦破案件中应用。据报道，在日本中部地区的某县发生了一次车祸，一名儿童被撞伤，肇事司机跑了。后来警察在一个乡村发现了这辆汽车，经过印证轮子上的血型，除了有被撞儿童的O型血外，还有B型血和AB型血。

当时警察认为，这辆汽车除了撞伤这位儿童外，还撞伤或撞死过其他人，但司机只承认撞伤了那名儿童，不承认还撞过其他人。后来经过科学研究所的印证，原来其余两种血型是植物的血型，这样才使案件得到正确处理。此外，植物血型还能帮助破案。比如，根据遇害者胃里的食物化验结果，可以知道死者在遇害前吃过什么东西，从而可发现破案线索。

植物体内为什么会存在血型物质，血型物质对植物本身有什么意义，尚待科学家们去进一步研究和探索。

小知识大视野

在福建沿海海拔800左右的悬崖山上，有一种会流血的芋子，人们叫红孩儿。当用小刀切开芋子时，就流出像血的汁出来。红孩儿喜欢生长在阴暗、潮湿的悬崖山沟里，表皮粗糙。据说是一味很好的中药。

植物百科名片

75

秋天变红的树叶

红叶是秋天的宠物。每至深秋，那朝霞一般斑斓夺目的红叶给秋色增添了无限魅力。古往今来，人们习惯于把美丽的枫叶与金色的秋天紧紧地联系在一起。

其实，植物界中到了秋天叶子变成红色的，除枫树外还有许多种类，最常见的有槭、乌桕、野漆树、盐肤木、卫予、爬山

虎、黄栌、丝棉木、连香树、黄连木和檫树等。

北京香山的红叶主要是黄栌。黄栌又称栌木，初为绿色，入秋之后渐变红色，尤其是深秋时节，整个叶片变得火红，极为美丽。黄栌花小而杂性，黄绿色，花开时满树小花长着粉红色的羽毛，远远望去犹如烟雾缭绕别有风趣，所以欧洲人称它为"烟雾树"。

黄栌原产于我国北部及中部，除北京香山之外，长江三峡的红叶也主要由它所构成。黄栌的木材可作为黄色染料，过去帝王穿的黄云缎多用它做成的染料染成。

枫树是我国又一类著名的红叶树种。真正的枫树，即枫香，为落叶大乔木，是南方的主要红叶树种。江南胜景江苏省南京栖霞山的红叶主要是枫香。每当叶红之际层林尽染，赏秋游人纷至沓来。相传，此山因深秋时节满山红叶，色如丹霞栖息在山上，"栖霞"由此得名。

在我国北方，人们常见到的红枫、五角枫等并非真正的枫树，它们实际上是槭树科的树种。槭树科是个大家族，广泛分布于东亚、北美、欧洲和非洲，其中以鸡爪槭、茶条槭、元宝槭、色木槭等树的红叶最为著名。与枫香比，槭树的叶子红得更加透彻强烈。

树木的叶子为何在秋日变红呢？原来绿色植物的叶片里含有多种色素，叶绿素、叶黄素、胡萝卜素、类胡萝卜素和花青素等。在植物的生长季节中，由于叶绿素在叶片中占有优势，所以叶片保持着鲜绿的颜色。

到了秋季，气温下降，叶绿素合成受阻，遭到的破坏却与日俱增，所以含叶黄素、胡萝卜素多的叶片就呈黄

色。红叶树种此时在叶片中产生了一种叫花色素苷的红色素，所以叶片呈现出美丽的红色。

在自然界中还有一些植物如紫叶李、红苋等，它们的叶子在全部生长季节中都是红的，这是由于红色素在这些植物叶片中常年都占据优势的缘故。

小知识大视野

在我国广东省汕头市有一种树，因其果实红艳，树形如团团火炬，被称为"火炬树"。其果实9月成熟后经久不落。火炬树每年呈现3种色彩：春季开白花，夏季浑身绿叶绿果，秋冬挂红果，是一种十分珍贵的景观植物。

花儿传播花粉的方法

　　有花植物在植物界如此繁荣，与花的结构和昆虫传粉是分不开的。

　　虫媒花在利用美丽的花被、芳香的气味、甜美的蜜汁招引昆虫的同时，在形态结构上也和传粉的昆虫形成了互为适应的关系。如马兜铃科的马兜铃是一种常见的药用植物，它的花筒

很长，雌蕊、雄蕊和蜜腺都在花筒的基部，花筒上部具有斜向基部的毛。它的雌蕊比雄蕊先两三天成熟。

当雌蕊成熟时，小虫顺着毛爬进花筒基部去吸蜜，等到吸饱蜜汁试图退出时，因为花筒里的毛都向下生长，小虫一时出不来就到处乱爬，这样一来虫体上所携带的其他马兜铃花的花粉就粘着在这朵花的柱头上，完成了异花传粉。

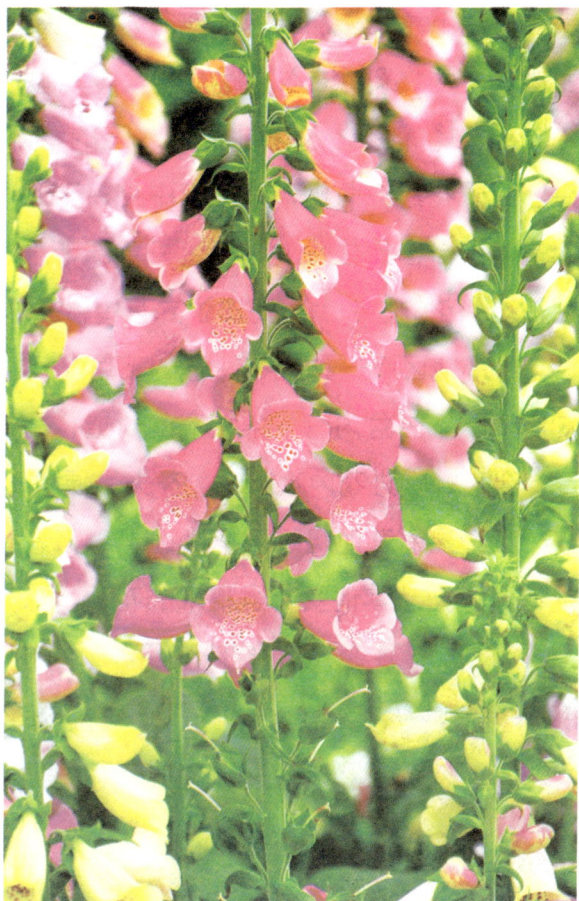

经过两三天，雄蕊成熟了，小虫仍在花中乱钻，散出的花粉又粘在小虫子的身上。当花筒内的毛萎缩，小虫满载花粉爬出来后，又飞向另一朵马兜铃花里去给它传送花粉。

玄参科的金鱼草，也叫龙头花，它是唇形花冠，但是唇形花冠的上下唇老是互相扣紧闭合着。

雌蕊、雄蕊和蜜腺都闭锁在花筒里面，在这样的一种结构下，如果昆虫太小，就不能拨开下唇进入花内。如果昆虫太大，虽能拨开下唇也不能进入里面。只有像蜜蜂这样的中等昆虫，既能拨开下唇，又能进入花冠筒内。

当蜜蜂探身进入花冠筒时，它的背部就接触到了花药和柱头，由于花药在两侧，柱头在中央，因此同一朵花的花粉不至被蜜蜂带到自己的柱头上，而蜜蜂背部带来的金鱼草花的花粉正好触在这朵花的柱头上，完成了异花传粉。

热带地区有一种兰花，它的下唇花瓣很像一个浴盆，里面常贮满清水。浴盆内有一条狭窄的甬道，甬道的顶部生有雄蕊和雌蕊。当黄蜂钻进花内吸蜜时，一头足便跌入浴盆内。

当它湿淋淋地爬起来挣脱逃走时，只能从甬道爬出来，这样就让黄蜂把从其他兰花里带来的花粉，涂抹在这朵花的雌蕊上，

同时又让黄蜂把这朵花的花粉带出去。

　　不同种类的昆虫为特定的开花植物传送花粉，同时又以这些植物的花粉作为自己的营养物质。在这种互利互惠、相互适应的过程中，它们各自的种族都得以繁衍。

小知识大视野

　　两性花的花粉，落到同一朵花的雌蕊柱头上的过程，叫作自花传粉，也叫自交。自花传粉的植物必然是两性花，而且一朵花中的雌蕊与雄蕊必须同时成熟。自然界中自花传粉的植物比较少。

花儿的芳香之谜

众多植物中，不少植物的花是芳香的。那花儿为什么是香的呢？原来，因为花卉的叶子里含有叶绿素。

叶绿素在阳光照射下，进行光合作用的时候，产生了一种芳香油，它贮藏在花朵里边。

这种芳香油极易挥发，当花开的时候，芳香油就随着水分挥发而散发出香味来，这就是我们闻到的

花香了。

由于各种花卉所含的芳香油不同，所散发出来的香味就不一样：有的浓郁，有的淡雅。

一般来说花香的浓淡和开花的地点有着密切的关系。生长在热带的花卉，香气大都浓而烈；而生长在寒带的花卉，香气多是淡而雅。

另外，通常花的颜色越浅，香味越浓烈；颜色越深，香味越清淡。白色和淡黄色花的香味最浓，其次是紫色和黄色的花，浅蓝色花的香味最淡。

有些花在阳光照耀下香味更浓，比如向日葵。有些花在阴雨天或晚上才发出强烈的香气，比如栀子花和夜来香。

为什么会有如此差别呢？因为各种植物花朵散发不同香味是它自身的需要。一句话，它们都是为了传宗接代的需要，都是适应环境的结果。

香味可以把昆虫吸引过来，昆虫在花蕊上起到了传播花粉的作用，达到授粉、结籽、传代的目的。

所以我们要懂得：花儿开不是因为要给人欣赏的，花儿香也不是因为要让人舒适的，开花飘香是传宗接代的需要。

不少人以为是花都是香气四溢吧！其实并非如此。在20多万种开花植物中，能散发香味的花只占一小部分，据统计，在自然界里，将近80%的花并不香，少部分的花还有臭味。

日常生活中，人和花香的关系是极为密切的。从人们吃的冰棍、糖果至喝的汽水、果汁；从人们用的牙膏、香皂至各种化妆品，样样离不开香精。

要从花卉的花、叶、茎、根、籽里面提取出具有不同香味的物质，那可不是一件很容易的事情。

在国际市场上，要用1700克的黄金才能买回1000克的玫瑰油，可见其价格是多么昂贵。

玫瑰油不仅是香料工业中不可缺少的宝贵原料，在其他制造工业中也被广泛地应用。

随着科学技术的不断发展，人们在揭开花香的秘密之后，已经试制成功人造香料了。

小知识大视野

我国兰花具有令人难以捉摸的阵阵幽香，伴随着端庄的花容，素雅的风姿，充分体现了东方特有的风格。它不以艳丽的色彩，而以宜人的幽香，深受人们的喜爱，把它誉为"国香"、"香祖"、"王者之香"和"天下第一香"。

花儿开花之谜

　　花开时节，花香阵阵，芬香郁郁。那一枝枝、一丛丛，如云似霞。红的似火，黄的如金，白的像雪，千姿百态，万紫千红，

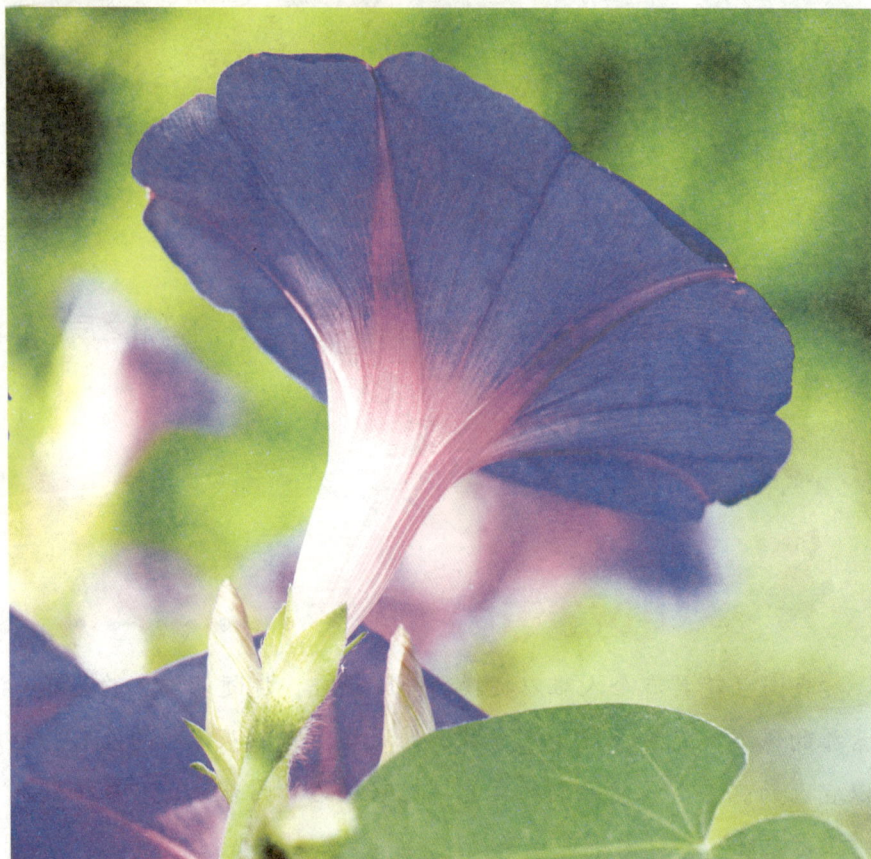

满园春色。

　　为什么花儿能盛开得这样璀璨夺目、绚丽多彩呢？原来，花瓣的细胞液中含有叶绿素、胡萝卜素等有机色素，它们像魔术大师把花变得五颜六色。遇到酸性时，细胞就成红色；遇到碱性时，细胞变为蓝色；遇到中性时，细胞又变为紫色。

　　你摘一朵牵牛花做试验：把红色的牵牛花泡在肥皂水里，因为遇到碱性，它便由红色摇身一变变为蓝色；再把这朵花放在醋里，由于遇到酸性，它又恢复原色。

花青素的变魔术本领更为惊人，它不仅能使许多鲜花色彩斑斓，而且还能使花色变化多端。

如棉花的花朵初绽时为黄白色，后变红色，最后呈紫红色，完全是受花青素影响的结果。

当不同比例、不同浓度的花青素、胡萝卜素、叶黄素等色素相互配合后，就会使花呈现出千差万别的色调。

大部分黄花本身不含花青素，而完全是胡萝卜素在起作用；有些黄花当含有极淡的花青素时，就变成橙色。

由此可见，万紫千红的花完全是由于花青素和其他各种色素相互配合的结果。

一般来说，有机色素以叶绿素为主体时，花可显现青色和绿色，如绿月季等；以花青素为主体时，可呈现红色、蓝色和紫色，如玫瑰等；以胡萝卜素、类胡萝卜素为主体时，则呈现黄色、橙色和茶色，如菊花等。

世界上开花植物多

达20多万种，常见的有白、黄、红、蓝、紫、绿、橙、褐、黑等9种颜色。

据统计，世界上各种植物的花色中，最多的是白色，约占28%，白色的花瓣不含任何色素，只是由于花瓣内充斥着无数的小气泡才使它看起来像白色；其次是黄色；红色列为第三；再其次是蓝色、紫色；较少的是绿色，如菊花中的绿菊；最为罕见的是黑色，如墨菊，为菊中之珍品，黑郁金香也被列为花之名贵品种。

小知识大视野

我国有一种樱草，在一般情况下花是红色，在30度的暗室里就变成白色了；八仙花在有些土壤中开蓝色的花，在另一些土壤中开粉红色的花；还有一些花，受粉以后也会变色，比如海洞花，起初是黄色，受粉后就变成白色了。

花开花落的时间差异

　　花开花落是植物生长的一种自然规律，那为什么有的花喜欢白天开放，有的花则愿意在傍晚盛开，又有的花是昼开夜合呢？

　　在常见的植物中，大都是在白天开花。这是因为在阳光下，清晨，花的表皮细胞内的膨胀压大，上表皮细胞生长得快，于是花瓣便向外弯曲，花朵盛开。

在白天的阳光下，花瓣内的芳香油易于挥发，能吸引许多昆虫前来采蜜，为它们传粉，有利于植物的结籽和传宗接代。

白天开花的植物，主要是依靠蜜蜂和蝴蝶进行传粉的。蜜蜂"上工"最早，那些靠蜜蜂传粉的花便先敞开花朵来欢迎它，如唇形科的一串红和玄参科的金鱼草等；蝴蝶要到上午9时以后才翩翩起舞，依靠蝴蝶传粉的花便在上午9时以后开放。

有很多花习惯在晚上开花，并且开的花一般是白色。常见的有：夜来香、昙花、月光花、瓠瓜花、月见花、龟背竹等。

那么，为什么它们花偏偏喜欢在晚上开放，而花朵又多是白色的呢？

这些花之所以在晚上才开花，是因为它们惧怕白天强光的照射，因为晚上没有阳光，气温较低，蒸发量也小。

这些晚上才开的花，大多数都会散发扑鼻的芬芳。因为晚上太黑，小昆虫看不见它们，它们就靠香味引诱晚上出没的蛾类前来传播花粉，繁殖后代。

植物在夜里开的花，最初颜色也是多种多样的，但由于白花在夜里的反光率最高，最容易被昆虫发现，为其做媒传授花粉。

因此，在长期的发展演化过程中，夜里开白花的植物被保存了下来，而夜里开红花、蓝花的植物，因不易被昆虫发现并为其

传授花粉，而
失去了繁衍后
代的机会，逐
渐被淘汰了。

植物中还有
的花是白天盛
开，而夜里又
闭合起来的。
如睡莲、郁金
香，它们的花白天竞相开放，而当夜幕降临时，便闭合起来，到
第二天又继续开放，这又是为什么呢？

花的昼开夜合现象是由植物的睡眠运动引起的。这种运动的
产生，一种是因温度变化引起的，如晚上温度低时它便闭合起
来。如果把已经闭合的花移到温暖的地方，3分钟至5分钟后便会
重新开放；另一种是由于光线强弱的变化引起的，如花在强光下
开放，弱光下闭合。

小知识大视野 ••••◆◆◆◆◆◆◆◆◆◆◆◆

澳大利亚荒漠地区生有一种奇花，名叫玉蕊花。此花的花序很
长，生有许多花，花朵不大，但颜色漂亮。开花时间也是晚上，白
天开花由于太旱、太热，不利于花的生存，因此晚上开花。

"昙花一现"的奥秘

　　昙花别名"琼花"，"月下美人"。昙花枝叶翠绿，颇为潇洒，每逢夏秋夜深人静时，展现美姿秀色。此时，昙花清香四溢，光彩夺目，花开时令，犹如大片飞雪，甚为壮观。昙花的开花季节一般在6月至10月，开花的时间一般在晚上8时以后，盛开的时间只有三四个小时，非常短促。

昙花开放时，花筒慢慢翘起，绛紫色的外衣慢慢打开，然后由20多片花瓣组成的洁白如雪的大花朵开始怒放。开放时，昙花花瓣和花蕊都在颤动，艳丽动人。可是只三四个小时后，花冠闭合，花朵很快就凋谢了，真可谓昙花一现！

这奇异的开花特性，是由于它的原产地的气候与地理特点造成的。它生长在美洲墨西哥至巴西的热带沙漠中，那里的气候又干又热，但到晚上就凉快多了。

昙花晚上开花，可以避开强烈的阳光曝晒，缩短开花时间，又可以大大减少水分的损失，有利于它的生存，使它生命得到延续。天长日久，昙花在夜间短时间开花的特性就逐渐形成，代代相传至今了。

如今，人们可以想办法促使昙花在白天开花，花卉园艺学家采用偷天换日、颠倒昼夜的办法进行干预。在其花蕾长至0.1米时，每天上午7时把整棵昙花搬进暗室里，造成无光亮的环境。到晚上8时至9时，用100瓦至200瓦的电灯进行人工照射。

这样处理7天至10天后，昙花就能在白天，即上午7时至9点开放了，并能从上午一直开放至下午5时，才完全闭合。

值得引起大家注意的是，一般人都错把昙花的茎枝当叶子了。其实，它并没有叶子。人们看到的所谓"叶子"，实际上是它的叶状变态茎，并不是叶，呈绿色，含有叶绿素，可以代替叶进行光合作用。昙花没有叶子，可以进一步减少体内水分的蒸发，以适应热带干旱沙漠地区的生存环境。

至于昙花在开后三四个小时即谢，这是由于开花时全部花瓣都张开，容易散失水分，而根从沙土中吸收的水分有限，不能长期维持花瓣胞膨压所需要的水分，在水分不足情况下，花就闭合，花瓣也很快凋谢了。

另一方面，在墨西哥沙漠中，昼夜温差较大，昙花在晚上8时

以后才开花，可能也与当地的温度有关，晚上8时以前的高温和半夜后的低温对开花都不利。它在晚上8时开花三四个小时，避开了高温和低温的气候，这样对它开花最有利。

小知识大视野

昙花的生物学特征：是附生仙人掌类，茎稍木质，扁平状，有叉状分枝，老枝圆柱形，新枝长椭圆形，边缘波状无刺；花大型，生于叶状枝的边缘；花萼筒状、红色，花重瓣、纯白色，花瓣披针形；花晚间开放，至次日凌晨凋谢。

有毒植物之王罂粟

罂粟是一种花朵十分艳丽的草本植物，原产于地中海东部山区、小亚细亚、埃及、伊朗、土耳其等地，公元7世纪时由波斯地区传入中国。

罂粟为一年生或两年生草本，茎直立，高60～150厘米。叶片长卵形或狭长椭圆形，长6～30厘米，宽3.5～20厘米，花顶生，具长梗，花茎长12～14厘米；蒴果卵状球形或椭圆形，熟时黄褐色。花期4～6月，果期6～8月。

罂粟的种子罂粟籽是重要的食物产品，其中含有对健康有益的油脂，广泛应用于世界各地的沙拉中，而罂粟花绚烂华美，是一种很有价值的观赏植物。

人们即使一次吃下整棵罂粟，也不会像吃几小片钩吻嫩叶那样命归西天，但在世界上已知的成千上万种有毒植物中，它的名气却最大。这是因为在罂粟未成熟果实的果皮内，含有一种与众不同的乳汁。这种乳汁暴露在空气中后，很快就会变黑、凝固，形成大名鼎鼎的鸦片。

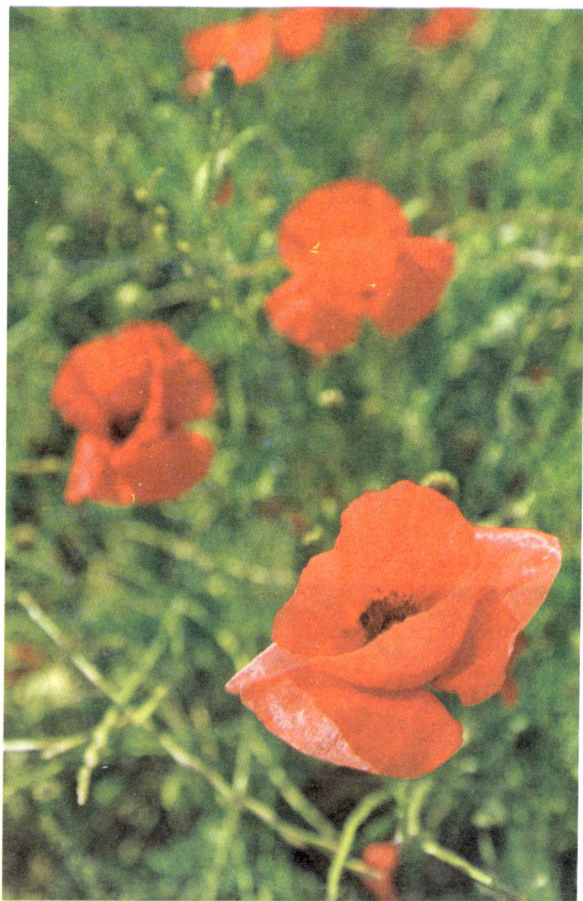

鸦片从古希腊时起，就是一种效果十分明显的镇痛麻醉药，使许多在战争中受伤的士兵解除了痛苦。

由于金钱的诱惑，一些人开始利用鸦片服用时带来的暂时快感和较强的成瘾性，推销非医疗用途的鸦片制品，使服用者深受其害。

随着鸦片的滥用，罂粟这种原本有益的植物也逐渐成了人类的公敌。而用它制成的毒品，即海洛因，终于把罂粟推上了"有毒植物之王"的宝座。

人类的祖先很早就认识了罂粟。考古学家说，罂粟是新石器时代的人们在地中海东海岸的群山中游历时偶然发现的。5000多年前的苏美尔人曾虔诚地把它称为"快乐植物"，认为是神灵的赐予；古埃及人也曾把它当作治疗婴儿夜哭症的灵药；公元前3世纪，古希腊和罗马的书籍中就出现了对鸦片的详细描述。

大诗人荷马称它为"忘忧草"，维吉尔称它为"催眠药"，有的奴隶主还种植了一些罂粟，当然只是为了欣赏它美丽的花朵。当历史的车轮驶进19世纪的时候，人们终于发现罂粟竟是悬在人类头上的一把剑。因为，它在为人们治疗疾病的时候，在让人忘却痛苦和恐惧的时候，也能使人的生命在麻醉中枯萎，在迷幻中毁灭。

可悲的是，人类的自私与贪婪又一次战胜了理性与道义。早期的殖民者在禁绝本国人民吸食鸦片的同时，却把灾难引向了整个人类。

19世纪中下叶，早已在本国禁烟的大英帝国，在其缅甸殖民地发现了一个种植鸦片的好地方。从此，在世界的版图上逐渐形成了一个被后人称作"金三角"的地方。"金三角"位于缅甸、泰国、老挝三国交界处，其大部分位于缅甸掸邦东部。

1852年，大英帝国发动了第二次英缅战争，占领了缅甸。他们很快发现缅北山区适合种植鸦片，于是，英国殖民者在"金三角"强迫当地的土著人种植罂粟，提炼鸦片，然后把它销往其他国家。

小知识大视野

在古埃及，罂粟被人称为"神花"。古希腊人为了表示对罂粟的赞美，让执掌农业的司谷女神手拿一枝罂粟花。古希腊神话中也流传着罂粟的故事，有一个统管死亡的魔鬼之神的儿子，手里拿着罂粟果，守护着酣睡的父亲。

"花中之王"牡丹

牡丹花花色鲜艳，花姿典雅，花形端庄，是我国传统名花中最负盛名的。牡丹为多年生落叶小灌木，株高多在0.5～2米之间；枝干直立而脆，圆形，从根茎处丛生数枝而成灌木状，当年生枝光滑、草木，黄褐色；叶片通常为二回三出复叶，枝上部常为单叶，小叶片有披针、卵圆、椭圆等形状，花单生于当年枝顶，两性，花大色艳，形美多姿，花径10～30厘米；花的颜色有白、黄、粉、红、紫红、紫、墨紫、雪青、绿、复色十大类。

它的品种有红牡丹、紫牡丹、白牡丹、黄牡丹，还有罕见的黑牡丹、绿牡丹，古人曾赞美它

"唯有牡丹真国色，花开时节动京城"。

牡丹典雅富丽，冠绝众香，辛亥革命前，曾被誉为我国的国花。

牡丹不仅有观赏价值，而且还具有很高的药用价值。将牡丹的根加工制成"丹皮"，是名贵的中草药，有散瘀血、清血、和血、止痛作用，还有降低血压、抗菌消炎之功效，久服可益身延寿，所以说牡丹不愧为"花中之王"。

牡丹原产于我国西部秦岭和大巴山一带山区，汉中是我国最早人工栽培牡丹的地方。牡丹为落叶亚灌木。，它喜凉恶热，宜燥惧湿，可耐零下30度的低温，在年平均相对湿度45%左右的地区可正常生长。

牡丹不仅是我国人民喜爱的花卉，而且也受到世界各国人民的珍爱。

日本、法国、英国、美国、意大利、澳大利亚、新加坡、朝鲜、荷兰、加拿大等20多个国家均有牡丹栽培。其中以日、法、英、美等国的牡丹园艺品种和栽培数量为最多。

其实，海外牡丹园艺品种，最初均来自我国。早在724年至749年，牡丹进入日本，据说是由空海和尚带去的。

1330年至1851年间，法国对引进的我国牡丹进行大量繁育，培育出许多园艺品种。

1656年，荷兰东鯿公司将牡丹引入荷兰，1789年，英国丘园引进牡丹，从而使我国牡丹在欧洲传播开来。

美国于1820年至1830年才从我国引进牡丹品种和野生种，后来培育出一种黑色花牡丹品种。在美国许多国家森林公园里均栽有牡丹和芍药。

英国丘园是收集世界牡丹品种较多的专类园之一，种植了我国的许多古老的花卉品种和当今世界各国新育出的众多花卉品

种。海外牡丹栽培面积最广、数量最多的国家是日本，日本人对牡丹的珍爱仅次于我国人民。所以，在日本众多的城镇广植牡丹，如东京的阿部牡丹园。

小知识大视野

历史上，古都河南省洛阳的牡丹最多、最好，有两个传统名种，一个开黄花的名为姚黄，另一个开紫花的名为魏紫，一直流传至今天。"洛阳牡丹天下无"，牡丹已被洛阳市定为市花，每年4月11日至5月5日为"洛阳牡丹花会"节。

臭不可闻的大王花

世界上最大的花是生长在印尼苏门答腊的热带森林里的一种寄生植物，即大花草。

大花草一般寄生在别的植物的根上，其样子很特别，没有茎也没有叶，一生只开一朵花。因此，大花草长的花又叫大王花，可以算得上是世界上最大的花了。

大花草的这一朵花特别大，最大的直径是1.4米，普通的也有

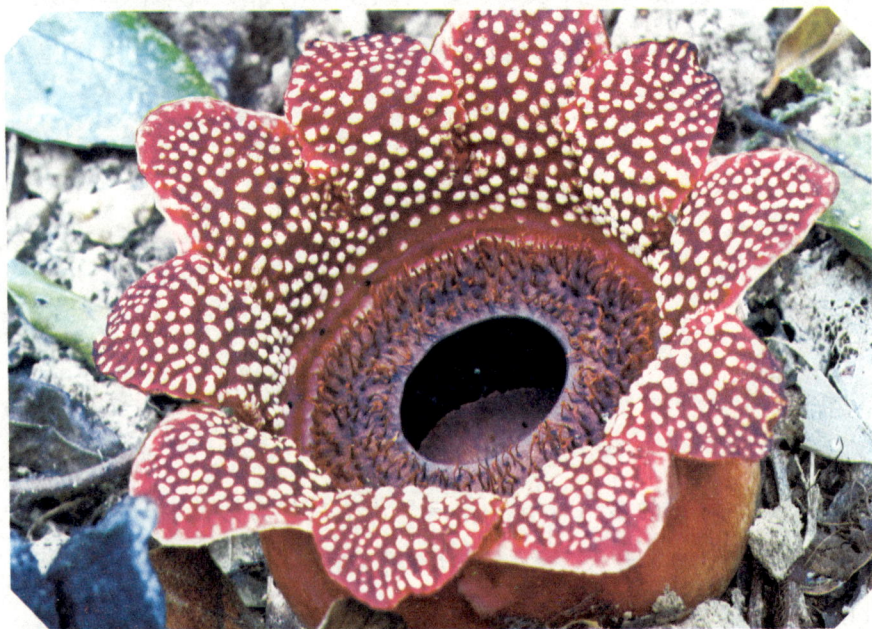

一米左右，其质量最重的有10千克。

大王花盛开的时候为红褐色，上面有许多斑点，花的中央部分像个大脸盆，外面有5片很厚的大花瓣，含有很多浆汁，花的重量可达六七千克。花心中央有个空洞，里面可以装上好几千克的水。

大王花的花虽然很大，但它的种子比罂粟的种子还小。种子萌发时体积膨大，穿破种子的外皮，长出形状像洋白菜一样的芽。

发芽过一个月后花便开放，盛开的大王花艳丽多彩，5片多浆汁的花瓣厚而坚韧，每个花瓣有一寸半厚，花朵中央还有一个圆口大凹槽，像一个大脸盆。

短短的4天一过，大王花就开始凋谢了，它凋谢的标志是大

生物科学丛书
Shengwu kexue congshu

的花瓣片开始脱落。在几周内，其他的裂片也迅速脱落，颜色变黑，最后变成一摊黏稠的黑色物质，受了粉的雌性花，在以后的7个月内逐渐形成一个半腐烂状的果实。

令人奇怪的是，这种举世无双的花朵，刚开的时候还有一点香气，可过不了几天就臭不可闻，与它那雍容华贵的外表不相匹配。这种花像粪便一样臭，比起"天下第一香"的兰花来，真是相差十万八千里。蝴蝶、蜜蜂都不愿理睬它。

花粉散发出来的恶臭招来许多苍蝇，这些苍蝇便成了大王花的主要授粉者。松鼠对它的花粉也很感兴趣，常常从一个花药舔

到另一个花药。

大王花不但臭，而且"懒"，专靠吸取别的植物的营养来生活，所以它没有叶子，也没有茎。它的种子传播也有点懒，小种子带黏性，当大象或其他动物踩上它时，它就会被带到别的地方生根、发芽，进行繁殖。

遗憾的是，由于没有人知道大花草的繁殖方法，所以只能依赖自然传播，再加上此花拥有药用价值，常被采割，因此没有良好的保护，导致大花草在逐渐减少。

小知识大视野

大王花仅分布在苏门答腊和婆罗洲，由于当地大片雨林遭到破坏，现已濒于灭绝。在1818年，英国探险家拉弗尔斯和他的同伴阿诺尔蒂，在印尼的苏门答腊发现大王花。大王花生存率很低，目前，大王花已成为马来西亚沙巴的象征。

不怕严寒的雪莲

　　天山雪莲，又名"雪荷花"。雪莲是一种名贵中草药，生长在我国终年积雪的新疆维吾尔自治区天山和西藏自治区的墨脱一带。

　　那里气候奇寒、终年积雪不化，一般植物根本无法生存，而雪莲却能在零下几十度的严寒中和空气稀薄的缺氧环境中傲霜斗雪，顽强生长。

它们不畏严寒，迎风傲雪，生机勃发，人们把它视为坚韧不拔精神的象征。

雪莲生长在海拔4500米至5000米以上的乱石滩上。这里石屑成堆，山风强劲，气候瞬息万变，又有强烈的紫外线辐射，一般植物根本无法生存。

雪莲在长期和冰雪环境的斗争中，练就了一套出色的抗寒本领。它的身高很矮，好像贴在地面上生长，所以能抵抗高山上的狂风。根粗壮而坚韧，能扎根于冰碛陡岩的乱石缝中，可吸收足够的水分和养料，也不易折断。

雪莲的全身有层厚厚的白色绒毛，就像穿上了"毛皮大衣"，既能保温抗寒，又能保湿，还能反射紫外线。这些特点使雪莲能够适应寒冷、荒凉的高山环境。

每年7月，雪莲就开出大而艳丽的花朵。它的花冠外面长着数层膜质苞叶，用来防寒、保持水分和反射紫外线的照射。每当天气晴朗，阳光灿烂时，雪莲尽情舒展着自己的叶片和苞叶，给雪地高原带来一片生机。

这种独有的生存习性和独特的生长环境，使雪莲天然稀有，并造就了它独特的药理作用和神奇的药用价值，人们称雪莲为

"百草之王"、"药中极品"。

雪莲种类繁多,分为水母雪莲、绵头雪莲、毛头雪莲、西藏雪莲等。由于生长环境的独特性和生理特性,雪莲的药效也十分独特。

雪莲扎根的土壤是靠细菌、苔藓、地衣分解岩石形成的,需要经过几百万年的缓慢过程,采摘时需要一些技巧:如果连根拔掉,会使本来就很小的一块块土壤很难再恢复原有肥力,导致雪莲几乎不可能再在原地生长,而成群的非法采摘雪莲者恰恰都是将其连根拔起!

　　由于雪莲是稀有的名贵药才，导致人们过度采挖，在加上雪莲自身种子发芽率低，繁殖困难，生长比较缓慢，长时间下去，如不采取有效措施，严加保护，雪莲将有灭绝的危险。

小知识大视野

　　传说雪莲是瑶池王母到天池洗澡时由仙女们撒下来的。在当地民间，雪莲带有神秘色彩，高山牧民在行路途中遇到雪莲时，会认为看见了吉祥如意的征兆，就连喝下雪莲苞叶上的水滴都被认为能驱邪益寿。

朝着太阳转的葵花

　　早晨，旭日东升，它笑脸相迎；中午，太阳高悬头顶，它仰面相向；傍晚，夕阳西下，它转首凝望。它每天从东向西，始终追随着太阳。难怪人们又叫它向日葵、转日莲和朝阳花了。

　　葵花为什么总是向着太阳转呢？早在90多年前，英国生物学家达尔文就对这个现象产生了兴趣。

　　他发现，种在室内的花草，幼苗出土以后，它的叶子总是朝着窗外探，去沐浴那温暖的阳光。

　　如果把花盆的位置移动一下，叶子又会很快地转过头来，继续探向窗外。他把幼苗的顶

芽剪去一小块，幼苗虽然还会朝上长，却再也不会转向太阳了。于是达尔文断定，幼苗的顶端肯定有一种奇怪的东西，能使幼苗转向太阳。

这究竟是什么东西呢？达尔文还没研究出来就去世了。

科学家们继续研究，终于在幼苗顶端找到一种能刺激细胞生长的东西，这就是植物生长素。植物生长素是个小东西，从700 万个玉米顶芽中提取出来的生长素，也只有一根0.26米长的头发那么重。

然而，这种小东西十分有趣，阳光照到哪里，它就从那里溜掉，好像有意与太阳捉迷藏似的。

早晨，葵花的花盘朝东，生长素就从向阳的一面溜到背阳的一面，帮助那里的细胞分裂或增长。结果，花盘和茎部背阳的部分长得快，拉长了；向阳的一面长得慢，于是植株就弯曲起来。葵花的花盘就这样朝着太阳打转了。

近年来美国的植物生理学家根据这个解释，对葵花做了测定。

他们发现不管太阳来自何方，在葵花的花盘基部，向阳和背阳处的生长素都基本相等。因而，葵花向阳与植物生长素的含量多少是没有关系的。那么，葵花为什么能向阳开呢？

在葵花的大花盘四周，有一圈金黄色的舌状小花，中间是管状小花。管状小花中含的纤维很丰富，受到阳光照射后，温度升高，基部的纤维会发生收缩。

这一收缩就使花盘能主动转换方向来接受阳光，特别是在阳光强烈的夏天，这种现象更加明显。

由此可见，向日葵花盘的转动并不是由于光线的直接影响，而是由于阳光把花盘中的管状小花晒热了，温度上升使花盘向着太阳转动起来。

因而，从这个意义上说，向日葵还可以称作"向热葵"。

小知识大视野

有过种植太阳花经验的人都知道，太阳花在夜间、雨天、阴天就像被关在家里的寂寞孩子，看上去无聊而且无所事事，但是，只要太阳一出现，它马上活泼起来，就会显得昂首挺胸，无比快乐。

千姿百态的菊花

　　菊花是我国十大名花之一，在我国有三千多年的栽培历史，我国菊花传入欧洲，大约是在明末清初。我国人民极爱菊花，从宋朝起民间就有一年一度的菊花盛会。古神话传说中菊花又被赋予了吉祥、长寿的含义。

　　菊花不仅类型众多，而且形状优美、五彩缤纷。菊花的花瓣一层包着一层，一瓣贴着一瓣，有秩序地排列着。花序大小和形

状各有不同，有单瓣，有重瓣；有扁形，有球形；有长絮，有短絮，有平絮和卷絮；有空心和实心；有挺直的和下垂的，式样繁多，品种复杂。菊花的颜色千姿百态，有一样的白色，有红里透黄；说到黄色那就更鲜艳了，黄色的菊花花瓣像萝卜丝，又像妈妈漂亮的卷发，一丝丝往里弯曲着，好看极了。

菊花的形状千姿百态：有的如同无数只小青蛙吐出长长的舌头，有的像小姑娘酷酷的发型，有的像害羞的小姑娘，迟迟不肯

露面，有的像久别重逢的亲人，紧紧依偎在对方怀中，还有的像一把五颜六色的小扇子。菊花在自然界中的千姿百态，主要是由于自然环境的变化和人工杂交、驯化诱变的结果。

在自然界中，由于气候和土壤环境的变化，使菊花原来的花色发生了变化，形成了一种新的花色，人们把它选择出来，通过无性繁殖保存下来，形成了新的品种。

人们还利用杂交、嫁接的方法，把很多不同品种的菊花的枝条嫁接到一棵菊花上，使一棵菊花拥有多个花色。

菊花还能治病呢！它晒干后可以泡茶喝，喝了清热解火，还有保护眼睛的作用；把菊花捣碎，敷在伤口上，可以止血；它还可以当中药，能疏风清热，还可以抗衰老，抗肿瘤；菊花香还可以提神。

到了秋天，别的花都凋谢了，唯独菊花开得轰轰烈烈，在寒风刺骨的秋风里，昂首挺胸

生物科学丛书

地向秋风挑战。

菊花还是花中隐士，有着高洁的品质。它虽然没有牡丹花那么华丽，没有郁金香那么娇艳，但她却有着独一无二的品质美，她散发出阵阵清香，完美地衬托出她高贵优雅的气质。

小知识大视野

菊花是经长期人工选择培育的名贵观赏花卉，也称"艺菊"，品种达3000余种。菊花是我国十大名花之一，在我国有3000多年的栽培历史。我国人民极爱菊花，从宋朝起民间就有一年一度的菊花盛会。

除不尽的杂草

　　杂草危害农作物和经济作物，它们与作物争肥、争水、争光照，有些杂草还是作物病虫害的寄主，为其提供越冬的场所。

　　我国因遭受杂草的危害，每年损失粮食约200亿千克、棉花约500万担、油菜籽和花生约2亿千克。长期以来，杂草就是农业生产上的一大灾害。年年除杂草，岁岁杂草生。

为什么杂草有这样强的生命力呢？

首先，杂草有惊人的繁殖力。杂草不仅产籽多，而且种子的寿命长，可连续在土壤中多年不失发芽能力。稗子在水中可存活5年至10年，狗尾草可在土中休眠20年，马齿苋种子的寿命是100年。在阿根廷一个山洞里所发现的3000年前的蔬菜菜种子仍能发芽。而一般作物种子的寿命不过几年，要想找一棵隔年自生自长的庄稼，那是很困难的。

其次，杂草具有顽强的生命力。有些杂草耐旱、耐寒、耐盐碱；有些杂草能耐涝、耐贫瘠。严重的干旱能使大豆、棉花等许多作物干枯致死，而马唐、狗尾草等仍能开花结籽。

热带地区的杂草仙人掌，在室内风干6年之后还能生根发芽。凶猛的洪水能把水稻淹死，而稗草以及莎草科的一些杂草却能安

然无恙。多数杂草都有强大的根系、坚韧的茎秆。多年生杂草的地下茎，具有很强的营养繁殖能力和再生力，折断的地下茎节，几乎都能再生成新棵。

同一棵杂草结的种子，落在地上不一定都能迅速发芽，有的春天发芽，有的夏季萌发，甚至还有的隔很多年以后再发芽。这种萌发期的参差不齐是杂草对不良环境条件的一种适应。

再次，杂草种子具有利用风、水流或人及动物的活动广泛传

播的特性。蒲公英、刺菜、白茅等果实有毛，可随风云游。异型莎草、牛毛草和水稗的果实，能顺水漂荡。苍耳、猪殃殃、鬼针草、野胡萝卜等果实上的刺或棘刺等能牢牢地附着在人或鸟兽身上，借以散布到远处去。

美国为了护坡、护岸和扩大饲料来源，从日本引进了金银花和葛藤。后来，这些植物使大片森林受损，并迫使美国人向"绿魔"宣战。

在生存竞争的过程中，杂草确实比一般作物具有许多有利的条件，因而田间的杂草很难除净。

小知识大视野

通过文化、贸易交流，杂草也会"免费"旅游全球。杂草到了新环境，一般说比在原产地生长得更旺盛。例如，无刺仙人掌被请到澳洲原想作为饲料用，但时隔不久，这位贵客仅在昆士兰一地就使3000万英亩的土地变成了荒地。

羞答答的含羞草

含羞草是一种豆科草本植物，花为粉红色，形状似绒球，开花后结荚果，果实呈扁圆形。含羞草花多而清秀，楚楚动人，给人以文弱清秀的印象。

叶为羽毛状复叶互生，呈掌状排列。它白天张开那羽毛一样的叶子，等到晚上就会自动合上。

有趣的是你在白天轻轻碰它一下，它的叶子就像害了羞一

样，悄悄合拢起来。

你碰得轻，它动得慢，一部分叶子合起来；你碰得重，它动得快，在不到10秒钟的时间里，所有的叶子都会合拢起来，而且叶柄也跟着下垂，就像一个羞羞答答的少女，所以人们管它叫"含羞草"。

大多数植物学家认为，这全靠它叶子的膨压作用。在含羞草叶柄的基部，有一个鼓鼓的薄壁细胞组织，名叫叶枕，里面充满了水分。

当你用手触动含羞草，它的叶子一振动，叶枕下部细胞里的水分，就立即向上或两侧流去。这样一来，叶枕下部就像泄了气的皮球一样瘪了下去，上部就像打足了气的皮球一样鼓起来，叶柄也就下垂合拢了。

在含羞草的叶子受到刺激合拢的同时，会产生一种生物电，把刺激信息很快扩散给其他叶子，其他叶子也就跟着合拢起来。过了一会儿，当这次刺激消失以后，叶枕下部又逐渐充满水分，叶子就会重新张开，恢复到原来的样子。

但也有科学家认为，含羞草之所以会运动，是与光敏素的作用分不开的。

含羞草的老家在巴西，那里经常有暴风雨。含羞草的枝干长得非常柔弱，为了适应这种不良环境，它在自然选择中培养了保护自己的本领。

每当在风雨到来之前，就把叶子收拢起来，叶柄低垂，这样一来，含羞草就不怕暴风雨的摧残了。

有趣的是，含羞草还是相当灵敏的"晴雨计"。人们利用它的这种怪脾气和本能，预测未来的晴雨。

"含羞草害羞，天将阴雨。"这句谚

语告诉我们，如果含羞草的叶片自然下垂合拢，或半开半闭，舒展无力，出现害羞现象，就预兆着将有阴雨天气。

在正常天气里，含羞草一般不会自己害羞，即使有人碰它的叶片，叶片在很快地合拢后随即恢复原状，这是晴天的征兆。

小知识大视野

含羞草本身对湿度反应很灵敏，加上小昆虫因为空气湿度大，只能贴近地面低飞，容易碰到含羞草的叶子上，含羞草叶片也会收拢，但恢复原状相当慢，反应迟钝，这预示着在一两天以内，天气将转阴有雨。

多在雨后现身的蘑菇

　　蘑菇喜欢生长在温暖潮湿的树林下和草丛里。它没有种子，依靠孢子来繁殖，孢子散布到哪里，它就在哪里萌发成为新的蘑菇。蘑菇自己不会制造养料，只能利用它的菌丝伸到土壤或腐烂木头中，吸取养分来维持生命，所以蘑菇常常生长的地方必须要阴湿、温暖而富有有机质。

　　蘑菇是由孢子实体长大而成的。孢子产生菌丝，吸收养分和水分之后产生子实体。孢子实体起初很小，等到吸足水分后，在很短的时间内就会伸展开来。因此，在下雨以后，蘑菇长得又多又快。

　　食用蘑菇是理想的天然食品或多功能食品。目前在全世界食用最多的通称为蘑菇，学名为"双孢蘑菇"。红铆钉菇是从野生种类中进一步筛选、驯化的优质生产菌种，有极大的发展潜力。

　　我国曾在世界上首次成功驯化并人工栽培了香菇、木耳、金耳、银耳、草菇、金针菇、猴头菌、竹荪、茶树菇等，现已驯化了蒙古口蘑，而野生食用菌美味牛肝菌、羊肚菌、红铆钉菇、粘盖牛肝菌、正红菇等，也可以大量采集，销往国内外市场。

　　目前我国药用及包括试验有药效的大型真菌有500余种，除了

传统药用的茯苓、冬虫夏草、灵芝外，近些年新发现并作为药用的有云芝、树花、古尼虫草等，以及假蜜环菌、安络小皮伞、槐栓菌、乳白耙菌、黑柄炭角菌等。

药用部分主要是孢子实体，但有一些是通过现代发酵工业技术大量反制菌丝体来加工制药。国内外研究实验表明，天然的药用真菌具有其独特的优越性。目前在寻找治疗高血压、高血脂、糖尿病等疾病的药物方面，从包括真菌在内的中药中筛选，无疑是前景良好的。

我国的毒蘑菇种类多，分布广泛。在广大山区的农村和乡镇，误食毒蘑菇中毒的事例比较普遍，几乎每年都有严重中毒致死的报告，曾经被作为多发性食物中毒的原因之一。因此，长期以来，鉴别毒蘑菇是人们十分关心的事。

Z
zhiwubaikemingpian
植物百科名片

因为鉴别毒菌不容易，所以唯一的办法，在野外最好不要轻易品尝不认识的蘑菇，同时不偏听偏信，必须在分辨清楚或请教有实践经验者之后，证明确实无毒时方可食用。如果吃了蘑菇发生了身体不舒服的感觉，应该及时到医院诊治，千万不可大意。

小知识大视野

蘑菇是一种非常受大众欢迎的食物，它具有很高的营养价值和食疗作用。经常食用能够起到提高机体免疫力、通便排毒、止咳化痰等功效。日常生活中常见的蘑菇种类有金针菇、香菇、草菇、猴头菇和平菇等。

竹子生命终结的征兆

竹子是禾本植物，不是树木，树木是实心的，而竹子与其他一些植物，如水稻、小麦、芦苇和芹菜等一样，茎的中心是空的。最初，这些植物也和别的植物一样是实心的，但是，后来在长期的进化过程中，它们却出现变化，茎渐渐变成空心的。

空心茎比实心茎更有利于它们的生存。拿竹子来说，它从小长到大，茎的粗细没怎么变化，但是成熟后却长得特别高，最高的毛竹高达22米。俗语说："高尧者易折"，意思是

说又细又高的物体容易被折断。按说竹子又细又高，很易折断，但是由于它的茎变成了空心，是一种"工"字型结构，能支撑较大的力量，好使身体坚实挺直，不容易被折断。

竹子的寿命很长，有的能活几年、几十年甚至几百年。但是竹子最怕开花，因为只要一开花，这就预示它们的寿命就要结束了。每棵竹子，都是由地下茎长出的笋芽发育长成的，当它生长几年、几十年以后，母竹的营养耗尽，就会开花枯死而长出新的竹子。

如果竹笋被挖得多了，或者被牲畜吃得多了，就会使原来的母竹贮存的营养过多，这时地面的竹子就会过早地发育成熟，因

而不适时地开花死去。

另外，竹子在生长过程中需要很多水分，当天气干旱或者受到病虫害侵袭时，竹子得到的水分减少，身体里的营养物质就相对变得多了，也容易开花而死去。

竹子开花，使养分被消耗尽，多数种类，如毛竹、梨竹等，开花后地上和地下部分全部枯死。但是，像斑竹、桂竹、雅竹等少数竹种，开花后地上部分死亡，而地下部分的芽仍能复壮更新。也有个别竹种，如水竹、花竹等，开花后植棵叶片仍保持绿色，地下部分也不枯死。不过，应尽快砍去花枝，以减少营养消耗，从而保证竹林的正常生长。

由于竹子的种类不同，开花周期长短也不一样，这也是受遗传的影响。

有的竹子几十年才开花，如牡竹、版纳甜竹需要30年左右才

开花，茨竹、马甲竹需要32年才开花，箣竹属有的种类需要80多年才开花。

有的竹子甚至长达百年才开花，如桂竹需要120年才开花。当然，也有少数例外，如群蕊竹、线痕箣竹，一年左右开一次花；而唐竹、孝顺竹，则开花无规律性。

小知识大视野

竹类植物的衰老周期因竹种而不同，其复壮周期，因环境条件而不同，只要增加复壮条件，加速复壮周期，就能改变衰老周期，延长竹子的寿命。竹子开花，花后结实，果实叫竹米。竹米营养丰富，可以磨粉做饼食用。

浑身长刺的仙人掌

　　植物都有叶子，然而仙人掌有叶子吗？如果有叶子它的叶子又在哪里呢？

　　这是奇怪的事。仙人掌浑身上下，找不到像普通植物那样的叶子，原来仙人掌浑身的刺就是它的叶子。

　　仙人掌的故乡在终年干旱少雨的大沙漠，在那里普通植物很

难生存下去，因为植物每天都要向外界蒸发出水分，一般植物叶子较宽大，蒸发的水量十分大，干旱的土地又不能提供足够的水分，植物就会枯死，所以普通植物不能在这里落户。

仙人掌却不同了，为了能在沙漠生活下去，它把宽大的叶子退化成了浑身的刺，这些刺又硬又尖，身体里的水分不容易蒸发出去，它就不会干枯而死了。

同时，仙人掌身上的刺还有了不起的本领，能从空气中慢慢地吸收水分。如果沙漠下雨，更能吸收雨水。

在墨西哥，有的仙人掌长得高大粗壮，像个贮水桶，积贮了大量的水，过路人口渴了，用刀砍一下仙人掌的茎秆，就自然流出"饮料"来。

仙人掌科植物是个大家族，它的成员至少在2000种以上。它的故乡在美洲和非洲，其中尤以墨西哥分布的种类最多，素有"仙人掌王国"之称，仙人掌被墨西哥人誉为"仙桃"。

仙人掌也会开花结果，著名的水果"火龙果"就是一种雨林仙人掌的果实，多汁甜美。仙人掌中心是空的，可有效储存水分，但仙人掌主要通过种子繁殖。

仙人掌类植株的大小及外形千差万别，小者如钮扣状的佩奥特掌，矮小团块状的刺梨掌和刺猬掌，大者如高柱状的圆桶掌和高大乔木状的巨山影掌。

仙人掌还是观赏植物的一种。全世界培育仙人掌最有成绩的

国家是墨西哥，该国的国徽上就有仙人掌的图样。

在美国及澳洲等地，仙人掌生长速度非常快，表皮坚硬、无坚不摧的仙人掌往往破坏了牧场的围栏，一两年内就可遍布周围广泛的地带，同时也抢夺了其他可供放牧的植物的营养。

小知识大视野

美国的亚利桑那州因沙漠气候的关系，有相当多的仙人掌，特别是巨大的巨人柱，因此在1994年，成立了仙人掌国家公园，园中有多达1000种来自世界各地不同的仙人掌。此外在日本的冲绳县，也有仙人掌植物公园。

天南星变性之谜

在生物世界中，有雌雄异休，也有雌雄同体的，雌雄变化现象并不稀奇。动物有变性的，黄鳝的一生中先是雌的，后来又变成了雄的；红鲷鱼只能由雌性变成雄性，而雄性却不能变换成为雌性。

植物会不会变性呢？答案是：会，但为数不多。印度天南星就是一个例子。

在美国缅因州和佛罗里达州的森林里，生长着一种叫作印度天南星的有趣植物，它四季常绿，在长达15年至20年的生长期中，总是不断地改变着自己的性别：从雌性变为雄性，又从雄性变为雌性。

大多数植物都是雌雄同株的，在一棵植物体上既有雌花又有雄花，或者一朵花中同时有雌雄器官，而印度天南星却不断改变性别。早在20世纪20年代，植物学家就发现了印度天南星的这种性变现象。可是长期以来，人们猜不透其中的奥妙。

据美国一些植物学家研究发现，印度天南星的变性同植株体型大小密切相关，植株高度值以0.0398米为界，超过这高度的植株，多数为雌株；小于这个高度值的植株，多数为雄株。还发现，植株的高度值在0.01米至0.07米间，都可能发生变性，而

0.038米却是雌棵变为雄棵的最佳高度。

中等大小的印度天南星通常只有一片叶子，开雄花。大一点的有两片叶子，开雌花。而在更小的时候，它没有花，是中性的，以后既能转变为雄性，也能转变成雌性。经过进一步的观察，科学家又发现当印度天南星长得肥大时，常变成雌性；当植物体长得瘦小时又变成雄性。

印度天南星的性变生理是植物节省能量，生存应变的策略。植物像动物一样，雌性植物产生后代所需要的能量远比雄性植物产生所需要的能量要多。

印度天南星的种子比较大，消耗的能量比一般植物更多。如果年年结果，能量和营养都会入不敷出，结果会使植物越来越瘦小，甚至因营养不良而死去。所以，只有长得壮实肥大的植物才变成雌性，开花结果。

结果后植物瘦弱了，就转变为雄性，这样可以大大节省能量和营养。经过一年休养，待它们恢复了元气，再变成雌性又开花结果。有趣的是，这种植物不光依靠性变来繁殖后代，还利用性变来应付不良环境。

植物学家发现，当动物吃掉印度天南星的叶子，或大树长期遮挡住它们的光线时，印度天南星也会变成雄性。直至这种不良环境消失后，它们才变成雌性繁殖后代。

小知识大视野

美国波士顿大学植物学家发现，北美洲的一种最普通的树木红枫树，它是一种非常美丽的观叶树种。红枫树有异乎寻常的性变情况。红枫树有时呈雌性，有时呈雄性，有时却雌雄同棵。

吃菠萝的窍门

菠萝原名凤梨，原产巴西，16世纪时传入我国，是岭南四大名果之一。菠萝含有大量的果糖、葡萄糖、维生素、磷、柠檬酸和蛋白酶等物。味甘性温，具有解暑止渴、消食止泻之功，为夏令医食兼优的时令佳果。

可是削开菠萝就吃，为什么会感到满嘴麻木和刺痛呢？你知道这是为什么吗？

　　为了便于长途运输，果农将没有熟好的菠萝就摘了。这时菠萝的果肉中含有机酸较多，糖分较少，吃起来酸味大于甜味。没熟的菠萝中含有一种叫"菠萝酶"的物质，它分解蛋白质，对口腔黏膜和嘴唇表面有刺激作用，使人们吃后嘴里产生一种发麻刺

痛的感觉。所以为了使嘴不发麻，蘸着盐水吃就行了，盐水能起到抑制菠萝酶的作用，吃时就不会感到麻木和刺痛，而且会更加香甜可口。

当你吃得过饱，出现消化不良时，吃点菠萝能起到帮助消化的作用，还可以缓解便秘。它之所以有助于消化，主要是其中含有的菠萝蛋白酶在起作用。这种酶在胃中可分解蛋白质，补充人体内消化酶的不足，使消化不良的病人恢复正常消化机能。由于菠萝含有纤维素作用，对便秘治疗也有一定疗效。

除此之外，菠萝富含维生素B_1，能促进新陈代谢，消除疲劳感，含有丰富的膳食纤维，让胃肠道蠕动更顺畅。

生物科学丛书
shengwukexuecongshu

新鲜菠萝中含有的蛋白酶可以分解食物中的蛋白质，因此餐后吃些菠萝，能开胃顺气，解油腻，帮助消化。菠萝虽然好吃，但其酸味强劲还有凉身的作用，因此并非人人适宜。

患低血压、内脏下垂的人应尽量少吃。怕冷、体弱的女性朋友吃菠萝最好控制在半个以内，太瘦或想增胖者也不宜多吃。

菠萝中含草酸比较多，过量食用对肠胃有害，因此吃时应适量，不可因为好吃而一次食用太多，影响健康。

其实不论任何食物吃得太多太过都不好，比较适宜的方法就是谨守"中庸之道"，掌握好尺度，方能吃得健康。

小知识大视野

如何挑选菠萝呢？成熟度好的菠萝表皮呈淡淡的黄色或亮黄色，两端略带青绿色；生菠萝的外皮色泽铁青或略带褐色。用手按压菠萝，坚硬而无弹性的是生菠萝；挺实而微软的是成熟度好的；过陷甚至凹陷者为成熟过度的菠萝。

美味佳肴猕猴桃

　　猕猴桃是中华猕猴桃栽培种水果的称谓，也称猕猴梨、藤梨、羊桃、阳桃、木子与毛木果等，原产于我国湖北省宜昌市夷陵区雾渡河镇，一般是椭圆形的，深褐色并带毛的表皮一般不食用，而其内则是呈亮绿色的果肉和一排黑色的种子。

    猕猴桃的质地柔软，味道有时被描述为草莓、香蕉、凤梨三者的混合。因猕猴喜食，故名猕猴桃；也有说法是因为果皮覆毛，貌似猕猴而得名。猕猴桃分为美味猕猴桃和中华猕猴桃两大类，美味猕猴桃表皮毛多而硬，中华猕猴桃表皮毛少而稀疏，常脱落。

    猕猴桃营养丰富，美味可口。果实中含糖量13%左右，含酸量2%左右，鲜果酸甜适度，清香爽口。把它称为"超级水果"、"水果之王"真是名副其实。

    由于猕猴桃营养全面、丰富，含有一些人体不可缺少的重要物质，因此，对人体健康、防病治病具有重要的作用。

    多食用猕猴桃可以预防老年骨质疏松；抑制胆固醇在动脉内壁的沉积，从而防治动脉硬化；可改善心肌功能，防治心脏

病等。

　　一些癌病人食用猕猴桃后，可以减轻厌食和疾病恶化，还可以减轻病人做X线照射和化疗中产生的副作用或毒性反应。

　　多食用猕猴桃，还具有阻止体内产生过多的过氧化物的作用，防止老年斑的形成，延缓人体衰老。

　　多食猕猴桃还能够提升免疫功能，治疗消化不良、贫血、脑疾病等。多食猕猴桃还可增加红细胞的产生，加强牙齿和指甲的坚固度。

　　真正熟的猕猴桃整个果实都是超软的，挑选时买颜色略深的那种，就是接近土黄色的外皮，这是日照充足的象征，味道也更甜。猕猴桃要挑接蒂处是嫩绿色的，这种的新鲜。整体软硬一致，如果一个部位软，那么就是烂的。颜色在接蒂处周围是深色的味道也甜。

小知识大视野

　　猕猴桃虽好，但并非人人皆宜。由于猕猴桃性寒，故脾胃虚寒者应慎食，经常性腹泻和尿频者不宜食用。每日吃一两个既能满足人体需要，其营养成分又容易被人体充分吸收。食用时间以饭前或饭后较为合适。

常吃洋葱有益健康

　　洋葱，古时称作"兴蕖"，是一种常见的葱科葱属植物。

　　洋葱的起源已有5000多年历史，公元前1000年传到埃及，后传到地中海地区，16世纪传入美国，17世纪传到日本，20世纪初传入我国。洋葱在我国分布很广，南北各地均有栽培，而且种植面积还在不断扩大，是目前我国主栽蔬菜之一。

　　洋葱头的表面覆盖着一层金色透明的薄膜，这使得洋葱放上

一年半载也不会干枯。

　　洋葱的鳞茎和叶子可食，主要作为调味用。洋葱含有大蒜素，有很强烈的刺激味道。切洋葱时，这种味道会刺激人的眼睛和鼻子，使人流泪。虽然它生的时候味道辛辣，但是烹饪之后不会太刺激。

　　洋葱有一股辛辣的气味，人们一般不喜欢吃这种味道的蔬菜。但这个气味的作用挺大，它能杀死许多细菌，甚至能杀死小虫、青蛙和老鼠呢！

　　人们只要把洋葱放在嘴里咀嚼3分钟，就可以把口腔内的细菌全部杀死。所以，常吃洋葱对人体健康大有好处。

　　洋葱由于原产于大陆性气候区，当地气候变化剧烈，空

气干燥，而且土壤湿度有明显的季节性变化，所以在发育过程中，洋葱由于长期适应这一特殊环境，不仅在形态上发生相应的变化，即短缩的茎盘、喜湿的根系、耐旱的叶形、具有贮藏功能的鳞茎，在生理上也产生了一定的适应性。

在洋葱的生长期，要求有凉爽的气温，中等强度的光照，疏松、肥沃、保水力强的土壤，较低的空气湿度，较高的土壤湿度，并表现出耐寒、喜湿、喜肥的特点，但不耐高温、强光、干旱和贫瘠。在高温长日照时进入休眠期。

洋葱供食用的部位

为地下的肥大的葱头。

根据其皮色可分为白皮、黄皮和红皮三种：白皮种鳞茎小，外表白色或略带绿色，肉质柔嫩，汁多辣味淡，品质佳，适于生食。一般国人惧怕其特有的辛辣香气，而在国外它却被誉为"菜中皇后"，营养价值不低。

小知识大视野

常见的洋葱不太大，而在北非的阿尔及利亚，却有很多大个儿洋葱，最大的一个有2000克重。墨西哥有一位农民，种出了一个特大的洋葱，足足有2300克重，这是目前世界上最大的洋葱了。

图书在版编目(CIP)数据

植物百科名片/王兴东著. —武汉:武汉大学出版社,2013.9
(2021.8 重印)
ISBN 978-7-307-11646-7

Ⅰ.植… Ⅱ.王… Ⅲ.①植物–青年读物 ②植物–少年读物
Ⅳ. Q94 –49

中国版本图书馆 CIP 数据核字(2013)第 210499 号

责任编辑:刘延姣   责任校对:马 良   版式设计:大华文苑

出版发行:**武汉大学出版社** (430072 武昌 珞珈山)
        (电子邮箱:cbs22@ whu. edu. cn 网址:www. wdp. com. cn)
印刷:三河市燕春印务有限公司
开本:710×1000 1/16 印张:10 字数:156 千字
版次:2013 年 9 月第 1 版 2021 年 8 月第 3 次印刷
ISBN 978-7-307-11646-7 定价:29. 80 元